设计非常道

China-Designer.com

张晓晶 主编

U0376442

中国建筑工业出版社

图书在版编目（CIP）数据

设计非常道/张晓晶主编. —北京：中国建筑工业出版社，2012.4
ISBN 978-7-112-14115-9

Ⅰ.①设…　Ⅱ.①张…　Ⅲ.①室内装饰设计–文集　Ⅳ.①TU238-53

中国版本图书馆CIP数据核字（2012）第039521号

责任编辑：吴　绫
责任设计：叶延春
责任校对：党　蕾　陈晶晶

设计非常道

China-Designer.com

张晓晶　主编

*

中国建筑工业出版社出版、发行（北京西郊百万庄）

各地新华书店、建筑书店经销
北京嘉泰利德公司制版
北京中科印刷有限公司印刷

*

开本：880×1230毫米 1/32　印张：4³/₄　字数：130千字
2012年6月第一版　2012年6月第一次印刷
定价：36.00元
ISBN 978-7-112-14115-9
（22167）

序

　　恰逢 2012 年新春，很高兴看到中国建筑与室内设计师网
（www.china-designer.com）即将迎来十周岁生日，它说明了一
个问题。室内装饰设计行业在中国发展了近三十年，而该专业
门户网站的发展也不过才十年，但是这十年却是具有非凡意义
的十年，因为它是见证着中国室内装饰设计从大范围兴起到最
快速发展并成熟的时期，全国各大专院校的环境艺术专业也在
此期间如雨后春笋般出现，为我们培养更多艺术人才。

　　作为室内设计行业的早期从业者，看到如今室内设计行业
蓬勃兴盛，并随着科技发展而发展，与新媒体紧密结合，在互
联网甚至移动客户端领域得到广泛推动与发展，我感到非常高
兴。虽然我对这些新生事物还不是很熟悉，但是我想说，中国
的室内设计真的在走向辉煌。

　　我还喜闻越来越多的室内设计师开通了微博，在 21 世纪的
今天，大家跨越时间与空间的界限，进行无国界的思想和技术
交流。真是感慨科技进步给我们带来的突飞猛进的成长。

　　《设计非常道》的出版，就是将我们众多优秀设计师的思想
记录下来，并保留下去，它与中国设计师共成长，他们将共同
抒写未来中国室内设计的新篇章。

李丽坤

2012 年 3 月写于同济大学

前言

　　设计者进行的是创意性思维工作，但同时，为使设计付诸实施成为设计作品，更需要在强大的感性思维产生出创意的火花后，以更加理性的思维将它生成为真正的实物。到此，似乎一个作品诞生了，一个设计也就此终结。其实则不然，设计者要在一个项目完成后，再次用他们理性的思维回过头去思考这个设计过程给他带来的收获，这正是在为下一次的创新作积累。我想这才能称为一个完整的设计过程。

　　设计思想就是在设计过程中，以及设计完成后的时间中产生的，它可以是理性的、逻辑的，也可以是激情澎湃的、随意的，设计者如能将其及时记录下来，对于自己未来的设计，甚至生活都有所帮助。本书正是将与设计和设计者有关的诸多思想收集、记录、整理出来，展现给更多的设计者，让大家共同分享设计中的一点点乐趣、一点点苦痛、一点点心得、一点点感悟。

　　《设计非常道》一书记录了中国建筑与室内设计师网（www.china-designer.com）精选的 30 多位设计师会员的设计思想性文章，其中也包括与设计师面对面采访的对话实录。本书借用老子的经典语录作为书名的部分内容，也是希望借老子的思想来诠释设计的思想。

　　每个设计者都有自己对设计的理解，从古至今，众多古今中外的设计大家一直努力运用自己的理论、世界观阐释设计的真谛，因此设计发展至今，才呈现出百花齐放的多风格态势。现代社会是开放的，更是多元的，这使得各国家、地区间设计者的思想也随着科技的快速发展得到最大限度的交流、融合，因此我们喜闻乐见众多设计者通过中国建筑与室内设计师网这样开放性的平台进行穿越空间、时间的无障碍交流，这是古人所不能及的。我们试图展示不同设计者各自不同的设计观点，也许我们书中的某些设计师的观点引起您的共鸣，也许您不认同某些设计师的观点，您可以拿起笔来与这些设计者再次论道，论设计之道，这才使得设计变得更加开放、多元，与时代紧密结合。我想这就是《设计非常道》出版的真正意义。

中国建筑与室内设计师网

张晓晶

目录

设计·分享

五个原则表现家居陈设的情绪与表情

刘卫军（博客：http://175163.china-designer.com）
现任美国 IARI 刘卫军设计师事务所创意总监及首席设计师
高级室内建筑师
深圳十大室内设计师
CIID 中国建筑学会室内设计分会理事
中国建筑学会室内设计分会深圳（第三）专业委员会常务副会长
ACD 设计研修院导师 & 设计师资质认证委员会主任评委

　　陈设设计无非就是排列组合，考验的是设计师的整合能力，而整合一个空间却并不是一件容易的事。陈设设计对设计师的要求非常高，不仅知识面要很丰富，而且设计师的经历、个性、品位、品质都会或多或少地体现在他的作品中。我认为设计师对纹样的了解至关重要，因为纹样是陈设设计的情绪和表情。

　　纹样通常指图案与纹理。纹样种类繁多，按纹样的内容可分为抽象图案纹样和实物图案纹样；按纹样的来源可分为民族图案纹样和自然图案纹样；按纹样出现的时间段可分为古代图案纹样、现代图案纹样和近代图案纹样等；按纹样的制作程序可分为自然生成图案纹样、手工绘制图案纹样、科技合成图案纹样等；按纹样的存在形式可分为条形图案纹样、三角形图案纹样、方形图案纹样、圆形图案纹样等；按纹样的个体形式可分为独立图案纹样、

图1

连续图案纹样、对称图案纹样、混合图案纹样等（图1）。在设计中，纹样的应用必不可少。设计师可遵循以下法则，在陈设设计中将纹样进行整合，从而使其搭配得恰到好处。

法则一：讲究纹样与空间设计主题、风格的统一，不突兀却富于变化。通过纹样在陈设设计中的应用增加空间设计的主题性、故事性、延续性。

法则二：讲究纹样的色彩明暗、构成形式与家具的层次关系。通过不同明暗程度、繁简搭配、构成走向的纹样在陈设设计中的应用增加设计的疏密关系，渲染空间气氛，表现空间的不同调性。

法则三：讲究纹样的应用尺度，不宜滥用，不宜乱用。多易腻，乱易燥。

法则四：讲究纹样的呼应。通过相近似形式、构成、色彩的纹样增进空间的协调，造成陈设设计与空间设计的对话，提升空间的趣味性。

法则五：讲究纹样的感性应用。即纹样的选择和使用应符合业主或空间使用者的喜好、生活习惯、文化素养、个性品位等，增加陈设设计的魅力，纹样不仅可作为装饰，也可抚慰心灵，带给业主或者空间使用者不同的心情与情绪。

　　我曾经做过一个案例——花好月圆曲。本案的设计重现了一种四季轮回的色彩表情，用以表述人与自然不可分离的关系，明亮的色彩，仿佛被水冲刷过后的墙、薰衣草、玫瑰、鸢尾，色彩奔放的花田，历史悠久的古建筑，土黄色与红褐色交织而成强烈的民族性色彩。不需要太多的技巧，保持着简单的意念，捕捉光线、取材大自然，大胆而自由地运用色彩、样式，便可重现地中海风格（图2～图4）。

图2

图3

图 4

整个空间无论是在地毯、壁纸、窗帘处,还是在其他陈设艺术上,均使用了各种各样的纹样和花。这绝不仅是一个花园,而更像是一个私人百花庄园,此处随处可见薰衣草、白玫瑰。在选色上,选择直逼自然的柔和色彩;在组合设计上注重空间搭配,充分利用每一寸空间,且不显局促、不失大气,解放了开放式自由空间。集装饰与应用于一体,在柜门等组合搭配上避免琐碎,显得大方、自然,让人时时感受到地中海风格家具散发出的古老、尊贵的田园气息和文化品位。独特的锻打铁艺家具、精致的图案流露着古老的文明气息。

娱乐设计中的灯光感受

王俊钦（博客：http://461494.china-designer.com）
现任睿智匯设计公司总经理兼总设计师（掌门人）
中国娱乐设计师协会副会长
中国照明学会高级会员
中国建筑装饰与照明设计师联盟会员
中国建筑学会室内设计分会会员

近年来，光环境、光空间、光艺术等概念在国内越来越引起重视，照明设计也已经成为当今建筑以及室内空间设计的重要组成部分。

对于我们室内设计师来说在设计过程中，设计师一定要考虑灯光与各个设计环节的配合，这样才能使光更加艺术化，起到美化空间的作用。特别是娱乐空间中灯光的效果，在整个空间的设计中显得尤为重要。

我做过很多娱乐空间的设计，比如麦乐迪KTV系列通常要采用很多灯光，因为娱乐空间主要体现的是"享乐"的主题，所以比较注重灯光对空间氛围的渲染（图1）。灯光的效果直接影响着视觉效果、空间气氛和人的情绪。灯光通常会被设计得绚丽多彩、灿烂夺目，因为人在娱乐空间里停留的时间有限，所以并不会感到不舒服。

一个成功的娱乐空间灯光设计，节能环保指标是最重要的衡

麦乐迪北京中服店　　　麦乐迪北京朝外店　　　麦乐迪北京安定门店

图 1

量标准之一，首先我们会选用低碳环保的灯具，比如我们会在设计中大量运用 LED 光源。因为 LED 光源的节能效果比较好、优点突出。首先 LED 亮度高、省电、寿命长、体积小，还无辐射。其次，LED 的光照效果也比较好，色彩绚丽，情景变化丰富，适合营造动感的、需要具有活力的照明环境，能够很好地表达设计师的意图。而静态中的 LED 照明，兼备照明与装饰的双重作用，除了提供适合的照度和营造一定的娱乐氛围外，也提供了导向作用。

　　我曾参加欧洲灯光之旅，在德国展览时了解很多照明新材料、新技术，他们的设计师是非常注重照明设计，会将灯光设计全程带入空间设计的过程中，同时重视节能环保，非常值得我们学习，也建议我们设计师与国外的设计师多交流学习，未来要有更强的使命去设计出节能环保的照明解决方案，从空间的照明布置、灯具选型、照明配电、灯光照度各个环节来考虑，不仅要节电，还要节省材料，因为浪费了材料也等于增加了碳排放量。

　　娱乐空间的"光环境"除了重视环保之外，会越来越突出照明设计的艺术性表达，以此来强化商业环境的特色，塑造展示主体形象，从而达到吸引消费者、树立品牌形象的目的。

　　在 KTV 等娱乐空间里面，色彩视觉变化特别多，人们对舒适度的要求也不一样。我认为任何光源如果直接进入眼睛，人们都会感觉不舒服。另外一个问题就是眩光，其实LED光源也是一样的。现在，LED光源的运用会分成三种：第一种是通过表面采用有遮覆性的有机玻璃或者是磨砂玻璃，这样光源就可以通过这些遮覆性的东西散发出来；第二种是采用阴光的方式，即将LED光源等投射到一个光板上，再通过光板反射出来；第三种是通过单面的载体呈现出来，我们把LED光源附着在玻璃的侧面，由于LED的导光性，光就通过玻璃的断面传达出来。

这三种手法，我们都无法看到LED的光源，那么我们所感受到的颜色的变化、色温都会比较温和，最重要的是你看不到那些刺眼的眩光，所以我们在设计中都会加入这些载体进行应用。如果我们也像一般的灯具厂商或者是照明供应商那样直接把LED的灯安装到墙面上，那就跟一般的荧屏差不多。比如说世贸天街，它的口号就是"全北京向上看"，其实它的中庭就是一个很大的荧屏，从材料商的角度来讲，他们是在做产品技术的不断研发，而从设计师的角度来讲，我们不会将它们暴露在表面层面上，而是要加以运用，设计师应该做的是如何去把LED光源的载体呈现出来，如果只是把LED光源暴露在外，就如同把很多电视放在室内。这也是我对我们设计团队强调的：设计师要对LED光源深入使用、创新运用，挖掘LED产品更大的价值。

马德里美洲门酒店的盗梦空间

赵虹（博客：http：//120785.china-designer.com）
现任中国建筑设计研究院北京筑邦环境艺术
设计院总建筑师
教授级研究员高级建筑师
高级室内建筑师
全国杰出中青年室内建筑师
中国建筑装饰协会室内设计委员会主任委员

忽然醒来，黑暗之中不知身在何处。习惯性地伸手到床头板寻找开关，没有床头板。再找，灯控就在床的端头。按下去忽然亮如白昼，换个模式，灯光柔和了一些，看到四周是一个白色的空间。

正对着的是白色的窗帘，右侧是白墙，左侧对称有另一张白色的床，床头对着斜放在房间当中的白色浴缸、空中垂下来的浴帘也是白色、远处的卫生间、衣橱、走道……所有都为白色。墙、顶、地都是一个材料，灯光是暗藏的、转角是浑圆的、消失的，一切感觉不太真实（图1）。

"这是哪里？"我想起这几天看的《阿加西自传》：在退役之战前夜，主人公在纽约四季饭店的地毯上醒来，望着顶棚自言自语。想起来了，我在西班牙马德里，美洲门酒店，八层的客房。

看看表，西班牙时间凌晨3点，北京时间早上9点。这次中国设计师西班牙建筑之旅，从瓦伦西亚转到马德里，已是第二站了，

图 1

不过时差还是经常倒不过来。连日看了众多建筑名作，昨晚入住这里。

睡梦中不知又过了多久，再次被铃声叫醒，已是预设的 Morning Call 时间了。翻身下床，脚落在地上很不踏实，床是悬空的，离地很高，不是常规舒适的尺度。走了几步忽然险些跌倒，浴帘上的水落在白色整体无缝地板上，还真是滑得不行。作为一个曾经的网球迷，又不禁想起天王费德勒住酒店，半夜起来撞到木床受伤的经历了。好在有惊无险，不过再向前又赫然看到地上几个黑胶脚印，或是昨晚团友们相互参观房间时候留下的吧（国外考察连日暴走，一些用于穿越的户外行头倒是必备的）。

洗漱时又熟悉了一下各种巧妙隐藏的开关。早晨查看了几个邮件，再回到床头打开 airbook。床头就是办公桌，床与桌相连，灯控开关自然也就设置在上面了。就着桌子的高度，床也就不是正常的尺度了。顺便打开几个介绍及讨论 Puerta America 酒店的国外网站，评论里赞美之词不少，但也有不少差评，分歧主要在形式与功能的对立统一上。

马德里的第一个早晨景色如何？电动按钮将遮光帘与窗纱分别缓缓提升后又拉开，好一个晴朗天空！听导游讲国外也没什么好的，就是天比国内蓝。酒店外面就是 Avenida de América 美洲大道，是从机场进入马德里市区的必经之路，我推测这也就是为何酒店会用美洲门的名字吧。路对面有很多红土球场，昨晚看了几眼，怪不得总是想到网球。

再按一个按钮，电视从天花缓缓翻下，对着窗户，观景看电视，创意不错，就是眩光有点强烈。新闻里世界各地又有许多事情发生，时间飞快地过去，想起还有早上游泳的计划，赶快拿上东西出发（图2）。

走廊同样是全白的空间，电梯厅里满是早晨明媚的阳光。电梯是透明的，直射进来的光线很是温暖惬意，与此相比昨晚看到的灯光则更具未来感。泳池在楼顶，推门入内，踏上周围铺装的木地板，感觉很舒服。碰到另一位参观的团友，交流一下，觉得出发时间很紧了，只好放弃游泳，直接去了餐厅。

餐厅里很热闹，团友们在此陆续见面，一边用早餐一边交流住酒店的体验。住在四层的团友说洗澡差点摔在浴缸里，浴缸是玻璃和不锈钢材质的，几乎站不住人。原来遇险的还不只我一人。那边又碰到住了相同房型的两位知名女设计师何潇宁和姜晶老师，她们的感受是好像住进了精神病院。回忆一下悬在空中的床，与医院的设置确实有类似之处。不过这倒也不算猛，前几年曾参与一个艺术酒店的策划，有众多艺术家与世界各地先锋设计小组参与，其中一间客房的设计就是完全的医院病房，甚至是手术室的感觉。设计酒店的住宿体验，似乎都有些刺激啊！

我又打量了一下就餐的环境，不像杂志书刊上常见到的那个充满线条、设计感极强的酒吧，这里空间不高，也没用什么特别的设计手法，不过墙上的艺术品很迷人，都是些好莱坞电影的美女明星海报：奥黛丽·赫本、梦露、安吉丽娜·茱莉，妆点了本不是很突出的空间（图3）。这不由得让人想起电影《盗梦空间》。

下午，由酒店公关带领我们正式参观了另一些客房。由于客满而没能入住的扎哈客房，电梯厅的吊灯超炫，又扰乱了许多闪存空间。终于看到一间白色系列的样板房，进到里面，感觉与八层的客房有相似之处。红色那一间可能会更惊艳吧。而让·努维

图 2

图3

尔设计的空间里则充满黑色的镜面、半透玻璃、可移动的隔断。假设一下，如果半夜醒来，能顺利走出这个空间，怕得有金刚不坏之身吧！（图4）不知那又会是怎样一种梦境？这与造梦空间最后的一层梦境，也是最初的一幕有些联系么？

福斯特设计楼层的电梯厅，当中一个不锈钢雕塑十分眼熟，这不是中国艺术家展望的石头系列吗？真是个惊喜，原来这个酒店设计也有我们中国人的参与（图5）。

图 4

图5

　　美洲门酒店，不论是否为一个梦之队打造的梦空间，其缔造者和马德里乃至西班牙，还有那些参与的设计师们已经借此获得了极大的影响力。而世界各地的人们来到这里，多是为了体验未来的建筑，不管这未来究竟是纯美学造型的变化还是其他的试验。如同美国大片在全球的上演，类似的梦境空间也会越来越多地出现在我们的现实之中吧（图6）！

图6

什么是真正的现代风格

吴天篪（博客：http://43400.china-designer.com）
现任长沙市西街装饰设计工程有限公司设计师
美国加州理工大学 硕士
在美国工作与生活长达 15 年，深得美国建筑与室内设计理念之精髓，精通欧美家居文化

一、追根溯源

随着 19 世纪末工业革命的成功，由此给艺术领域所带来的冲击超过了以往任何一个时期，同时也宣告了农业社会的结束与工业社会的开始。从那以后，新兴的艺术流派层出不穷，印象主义、野兽主义、表现主义、新艺术运动、装饰艺术运动、立体主义等，但是没有一个现代艺术流派在实质上超过了抽象主义对现代建筑与室内艺术的贡献。事实上，作为"现代风格黄埔军校"的包豪斯学院的第一批教师当中，就有抽象主义的开山鼻祖瓦西里·康定斯基（V.Kandinsky）和保罗·克利（P.Klee）等人。抽象艺术因此成为现代风格的指导方针和精神源泉。

是康定斯基第一个提出了点、线、面的抽象艺术理论，从此点、线、面代表了几何抽象艺术所包含的最基本的构成要素。另一位抽象主义大师皮埃特·蒙德里安（P.Mondrian）相信宇宙万物均是按照数学的原则建立的，他最终找到了由水平线、垂直线、三原色（红、黄、蓝）和三非色（黑、白、灰）共八种基本元素组成的绘画公式，即宇宙永恒的纯粹真实。现如今点、线、面的抽象艺术理论已经被现代室内设计师们奉为设计的金科玉律，几何抽象艺术因此成为现代室内设计方法中最具活力的艺术形式之一。

早期的现代风格实践者如里特威尔德（G.T.Rietveld）于1923～1924年设计的施罗德宅（Schroder House），无论是其建筑外观的立面设计，还是室内空间的各个界面构图均是一幅幅纯正的几何抽象画。其立柱、门窗、扶手、栏杆等均被分解成数条相互穿插、交错的垂直线与水平线，墙体的材质与色彩则化身为形态各异的色块点缀其间。置身其中，简直就是在欣赏一幅幅活生生的蒙德里安的几何抽象绘画作品，充满了早期抽象艺术刚劲、严谨、简洁和理性的气质。

现代主义大师密斯·凡·德·罗（Mies Van der Rohe）于1929年设计的巴塞罗那世博会德国馆（Barcelona Pavilion）的内部空间形态由几块矩形平板或水平或垂直地围合而成，形成了轻巧灵动的建筑内外部空间，其平面布局清晰地显露出一幅几何抽象画，其内部空间则完美、简单地诠释了抽象艺术中立体构成的基本方法。他于1950年设计的范斯沃斯住宅（The Farnsworth House）是他所倡导的"少就是多"理论的巅峰之作。

二、正本清源

现代风格起源于19世纪晚期到20世纪早期，于20世纪30年代通过德国的包豪斯（Bauhaus）学派和斯堪的纳维亚（北欧）的现代艺术运动迅速传播到世界各个工业设计与艺术领域，其影响力在20世纪60年代达到顶峰，然后逐渐式微。在学术上通常把现代风格划为经典现代与当代现代两个阶段。

1. 现代风格（1920～1965年）

现代风格是第一次工业革命之后的产物。现代室内艺术的本质在于将设计表现的内容由表面的物质世界拓展到了深层次的精神世界。现代风格的另一位大师勒·柯布西耶（Le Corbusier）遵循"形式追随功能"和"功能决定形式"的原则，并是这一原则的提倡者和实践者。这一原则指导并确定了现代风格设计的方法与方向。

事实上，现代装饰风格的原则之一就是为了欣赏和凸显最朴素、有节制的高雅与简单，从而放弃任何不重要的物品。现代风格最显著的特征包括：光洁与几何美，表面坚硬、实用，无曲线与粗笨等。

现代风格的另一支流来自于北欧的斯堪的纳维亚，这个半岛是由丹麦、瑞典、挪威以及两个共和国——芬兰和冰岛组成的。斯堪的纳维亚设计的代表人物为阿尔瓦·阿尔托（Alvar Alto），他所提倡的建筑与人、建筑与自然环境的设计理念对于现在具有更加深远的意义。北欧现代风格的特征包括：白色的基本色调、简单实用、线条简洁、原木色家具与环保意识。这些特征对于今天的现代风格仍然具有指导意义。

2. 当代风格（1965 年至现在）

当代风格是继现代风格之后的现代风格，它继承并发扬了现代风格的优良精神。当代风格的空间总是显得宽敞、明亮，这种视觉效果得益于现代空间减少使用多余装饰的结果。此外，明亮的光线与色彩都起到了一定的辅助作用。与传统装饰风格正好相反，当代风格摒弃了所有的顶角线、踢脚线、挡椅线和墙裙等装饰性构件，用仅有的几片干净的墙体去分隔空间，整体空间显得宽敞、流畅。

三、饮水思源

抽象思维的基础必须是建立在良好的理性思维的培养之上，因为理性可以引导感性在深度和广度两个方面发展。现代风格室内设计最难的部分就是如何从抽象开始着手，这就要求室内设计师必须首先是一个具备抽象艺术涵养和抽象艺术能力的艺术家，然后才是一个优秀的室内设计师。值得注意的是，抽象艺术中的"抽象"不完全等同于"简化"，这是一个质的问题。

在现代风格的室内设计创作过程中，以下四个抽象概念值得我们去认识和掌握。

（1）精确、完美、和谐的比例关系；

（2）连贯、流动、有秩序、有节奏感的韵律；

（3）追求留白的最高境界；

（4）学习并掌握剥离现实事物的外在表象，抽取其内在本质，并真实地还原出来的抽象能力。

现代风格特别强调其抽象艺术的特性，进入一个现代风格的室内空间，如同进入到一个现代艺术的画廊，表现出简洁、孤僻、纯净、高雅的气质。因此，真正的现代风格不仅要求设计师具有极高的艺术修养，同时也要求使用者具有不凡的艺术品位（图1）。

图1

什么是真正的田园风格

吴天篪（博客：http：// 43400.china-designer.com）
现任长沙市西街装饰设计工程有限公司设计师
美国加州理工大学 硕士
在美国工作与生活长达15年，深得美国建筑与室内设计理念之精髓，精通欧美家居文化

一、追根溯源

"田园风格"这个名称出现于20世纪中叶，泛指在欧洲农业社会时期已经存在数百年历史的乡村家居风格，以及北美洲殖民时期各种乡村农舍风格。它是早期开拓者、农夫、庄园主和商人们简单而朴实生活的真实写照，也是人类社会最基本的生活状态。由此可见，田园风格并不专指某一特定的时期或者区域的生活状态，它可以模仿如乡村生活般的朴实真诚，也可以是贵族在乡间别墅里的世外桃源状态。

与其他的装饰风格不同，田园风格不是依靠摆布明确的家具和饰品就可以轻松得到的装饰风格，它需要的是主人的淡泊情怀、平和心境。任何能够唤起旧时回忆和想象的物品都能够成为田园风格的饰品。一把生锈的铁铲、一个破旧的皮箱、一只废弃的铁皮桶、一块手工拼缝的被子，或者是一束从郊外路边采摘的野花，都是田园风格最好的装饰品。它无需顾虑别人的眼色，只需要一颗纯洁、浪漫的心，所以它是无拘无束、轻松活泼的，这就是田园风格带给我们的所有愉悦和乐趣。

在众多的田园风格装饰元素之中，手工制作的物品是其重要装饰特征之一。今天，早已经进入工业化的时代，是否具有刻意地显示和模仿手工制作的痕迹成为了评判田园风格的重要标准之一。怀旧与回归是田园风格的精神内涵，因此，在田园风格的家居用品当中几乎没有一件东西是完美无疵和精致细腻的。相反，使用过的旧物品，用旧的家具，木器上留有的刮、刻、擦的磨损痕迹等特征，成为田园风格饰品的外观特征之一（图1）。

二、正本清源

今天的田园风格包括了法式田园风格、英式田园风格、美式田园风格和瑞典田园风格。由于不同的地理环境和气候条件，它们既有许多共同点，也有不少差异性。

1. 法式田园风格

法式田园风格以法国南部普罗旺斯风情为代表，让人纵情地去感受法国南部明媚的风光：蔚蓝色的地中海、淡紫色的薰衣草与金黄色的向日葵。

2. 英式田园风格

英式田园风格总是刻意地模仿和营造出种植园的感觉，深厚的家族文化底蕴通过深褐色、深红色和深绿色，表达得淋漓尽致。

3. 美式田园风格

美式田园风格源自于早期殖民风格：1600（17世纪）～1800年（19世纪工业革命），时间跨度超过300年，融合了许多欧洲田园风格的特点。事实上，就在半个世纪之前，美国的田园风格就被称为"早期殖民风格"，那些开拓者、农夫和商人们的住宅风格就成为了我们今天谈及"美式田园风格"的原型。

4. 瑞典田园风格

瑞典田园风格是居住者为了适应北欧漫长的寒冬和缺少阳光的自然环境，充分利用自然光，利用镜子和任何具有反射面的材

图 1

质来反射自然光而形成的装饰风格，整体色调以白色或者浅色调为主，空间开敞而整洁，装饰很少，没有多余的物品。

三、饮水思源

田园装饰风格是今天风靡全球的家庭装饰风格之一。无论是在过去的农业社会，还是今天的工业社会，田园风格永远都不会过时。田园风格的家就是那只安抚疲惫心灵的温暖之手，是现代人心中向往的世外桃源，也是我们精神寄托的理想王国。

田园风格扎根于农业社会时期纯朴的乡村生活，它把现在的我们与过去紧紧地联系在了一起，同时也在想象中与自然世界融为一体。也许传说中先辈们曾经拥有的美好日子已经离我们远去，但是它仍然能够唤醒我们对于历史、文化、奋斗、坚定和理想的美好记忆，这也许就是田园风格的真实魅力所在。

田园装饰风格讲究的就是收集，把各个不同地域、不同时期的旧物品集中摆放在自己的家里。当然，选择旧物品的标准必须围绕家庭整体装饰主题来展开。这个主题可以是英式田园、法式田园，或者美式田园，也可以是中式田园或者东南亚田园等。所以，在设计一个田园风格的家庭装饰之前应该首先确定田园风格的主题。

田园风格也许是混搭风格的起源，因为混搭本身就是田园风格的重要特征之一。沉浸在创造和再现过去田园生活场景的乐趣之中，正是田园风格永葆青春的秘诀所在。尽管这个场景并不一定会在真实世界里存在，也许它只是人们心目中想象的梦中田园，但是那一定是自己的、小小的精神世界，只需要不断地、精心地去完善它、充实它、呵护它、打扮它和改变它，让它永远保持清新与活力。

什么是真正的新古典主义风格

吴天篪（博客：http://43400.china-designer.com）
现任长沙市西街装饰设计工程有限公司设计师
美国加州理工大学 硕士
在美国工作与生活长达 15 年，深得美国建筑与室内设计理念之精髓，精通欧美家居文化

一、追根溯源

远在新古典主义风格出现之前，欧洲大陆的建筑艺术历经哥特式、文艺复兴、巴洛克、洛可可等潮流的洗礼，这些艺术潮流无不在新古典主义风格的身上留下或多或少的痕迹。如哥特式的苛刻与严谨、文艺复兴的精美与豪华、巴洛克的矫揉造作与浓妆艳抹，以及洛可可的精致繁琐与细腻柔媚。但是，真正对新古典主义风格影响最深的仍然是来自于希腊、罗马和埃及灿烂辉煌的古文明。因此，新古典主义风格是一个经过千锤百炼而铸就的经典。

新古典主义风格起源于 18 世纪中叶兴起的一场新古典主义运动，其细节摈弃了洛可可风格的自然主义装饰，其建筑式样又继承了巴洛克风格晚期的特点，但是其核心部分则从文艺复兴时期著名的建筑师安德烈·帕拉迪奥（Andrea Palladio）所创作的建筑当中吸取了大量的营养。与新古典主义比较贴近的要数兴起于 16 世纪的英国都铎风格和 18 世纪的法国路易十五时期的洛可可风格。因此，新古典主义风格是所有装饰风格中间最带有皇家贵族色彩的装饰风格。

英国的都铎风格（TUDOR）是将文艺复兴时期的装饰元素嫁接到英国垂直哥特式建筑上的混合型建筑风格。其室内装饰特点是精致典雅与庄严隆重，与其祖传宝贝和价值连城的古董相得益彰，是一种专属于达官贵人的装饰风格。

洛可可装饰风格是法国末代宫廷生活的真实写照，直观反映了路易十五追求华丽与奢侈的本性和法国宫廷贵族的生活情趣，曾经风靡欧洲。从路易十五开始，法国的装饰艺术从推崇古希腊、古罗马的古典主义转变为追求带有东方情调的浪漫主义。洛可可风格的家具带有鲜明的上流社会贵妇人的婀娜多姿、娇小玲珑与浓妆艳抹。这个时期诞生出许多经典的家具座椅，成为古典座椅发展的全盛时期。由于女性家具的盛行，因此迎来了以女性为中心的沙龙文化的顶峰。

二、正本清源

学术上通常把新古典主义视为 18 世纪的英国新古典主义风格、19 世纪的法国新古典主义风格（又称"帝国风格"）和 1780 ～ 1920 年间的美国联邦风格的总称。

1. 18 世纪的英国新古典主义风格

18 世纪的英国产生了多位对于新古典主义艺术风格作出极大贡献的人物，除了安妮女王风格并不是由安妮女王本人所创造之外，其余的几位都是以创造者本人的名字为其创造的家具风格命名的，例如罗伯特·亚当（Robert Adam）、托马斯·谢拉顿（Thomas Sheraton）和乔治·赫伯怀特（George Hepplewhite）等。法国洛可可风格对于英国的影响甚微，直到法国自己要抛弃洛可可风格的时候，英国人才开始大量地模仿洛可可的式样，并将其应用到了其新古典主义的家具设计当中。不过，英国人沉稳、内敛和低调的性格决定了英国新古典主义风格艺术的与众不同。

2. 19 世纪的法国新古典主义风格

起源于 19 世纪初拿破仑时期，在他远征埃及之后，法国国内兴起了一股埃及热，这对于法国的新古典主义产生了极大的影响。拿破仑将洛可可风格从法国的装饰艺术当中剔除了出去，由他主导重新创造了"拿破仑帝国风格"（Napoleon-Emperor of the French），又被称作"帝国风格"（Imperial），大量采用了古埃及装饰图案进行装饰。

3. 18 世纪的美国新古典主义风格

（1）美国联邦风格（Federal Style）

美国联邦风格大约产生于 1789 年左右，美国独立战争之后，新的联邦政府建立之初，急需创造出一种能够代表新国家形象的装饰风格。另一方面，由于无法割舍与欧洲的感情纽带，美国东海岸的一些大城市如波士顿、费城、纽约、巴尔的摩和查尔斯顿成为了联邦风格的发源地。

（2）美国帝国风格（American Empire）

与美国联邦风格同期并存的美国帝国风格主要流行于纽约、波士顿和费城等大城市，是美国版的法国帝国风格。美国帝国风格的代表人物为邓肯·法伊夫（Duncan Phyfe），他受英国摄政风格的影响较大，也有人认为他是英国摄政风格在美国的代言人。

英国摄政风格（Regency）的家具在外形上要比新古典主义主义运动时期的家具外形更笨重、更含蓄，它的设计式样和装饰元素大量取材自古罗马、古希腊和古埃及，同时也融入中国元素（仿竹节）和日本的黑底金漆技术（图 1）。

三、饮水思源

20 世纪初，随着现代风格的兴起，新古典主义风格和现代风格之间的矛盾日益尖锐。1925 年，于法国巴黎兴起的"装饰艺术"，存在于第一次世界大战之后、第二次世界大战之前，随后又流传到了美国，因此又曾经出现过"美式装饰艺术"，红极一时，这是

图 1

新古典主义风格与现代风格的混合、折中和妥协。到了20世纪80年代之后，随着现代风格式微，新古典主义风格又重新抬头。当处于统治阶层的皇家贵族逐渐淡出历史舞台的时候，新兴的贵族们正需要一种新的装饰风格来满足他们的精神需求并展示他们的财富与权力，这种装饰风格非新古典主义风格莫属。

在新古典主义风格盛行之后的维多利亚风格（Victorian Style）是工业革命之后古典主义在艺术发展史上的绝响。维多利亚装饰风格以复杂精细的雕刻和珠宝装饰著称，其艺术图案的灵感来源于大自然：花卉、葡萄、树木、蜂鸟、蝴蝶和蜻蜓等。其异域文化的特质来源于东方艺术、中东艺术和非洲艺术等。那些闪耀着哥特式灵感的细部、阿拉伯装饰图样和精细繁复的装饰线条让人恍若回到 19 世纪的维多利亚时代。

新古典主义风格以其庄重、对称、高雅、精致和低调等特点著称，它那些精致复杂的装饰线条、高大气派的壁炉架、富丽堂皇的门套线、光洁典雅的大理石、晶莹剔透的水晶灯、华丽高贵的窗帘和精细优雅的家具，所体现出的尊贵气质是任何其他装饰风格所无法比拟的。

因此，新古典主义风格比较适合于大面积和大体量的正式空间，这是由于它相对丰富、琐碎、繁复的形状与线条，可以将大尺度空间分割变小，从而产生精致、匀称尺度的比例关系。由于新古典主义风格对于饰品和材料的品质要求极高，而且更适合于较大的居住空间，因此今天的新古典主义风格仍然只能专属于少数的富有阶层享受。

让建筑"生长"

蔡晓飞（博客：http：//525591.china-designer.com）
现任 AEMA 设计机构（伦敦·上海·沈阳）执行设计总监
中国建筑装饰协会会员
特邀合作设计师：赵宇南老师

一座建筑的寿命可以跨越一个世纪甚至更久，同时在岁月的变迁中又可以融入新的建筑理念及形式。新与旧的结合相得益彰，同时又赋予了建筑新的生命力，这种"生长"的建筑给我留下的深刻印象，正是我在英国游历时的切身体会（图1）。

生态、节能、可持续发展等几个关键词已在中国当今设计圈中初露端倪。设计师们在追求体块化所带来的震撼感受的同时也开始思考如何将可持续设计理念与创作相结合。太阳能、风能及雨水收集系统在项目中的研究与应用，在给设计师们开辟新领域的同时也带来了新的挑战。

回国后，我所带领的 AEMA 设计机构在完成不同领域的项目创作的同时，也在努力研究及推广生态节能及可持续发展这一设计理念。但时过今日不得不感慨国情发展的不同，以及开发单位为追求短暂商业价值所带来的种种局限。

近期我们完成了一个售楼中心的建筑及室内的设计，尽管项目尚在实施中，我仍迫不及待地拿出来与朋友们分享其设计的理念及过程。我将其命名为："生长"的建筑。

图 1

　　售楼中心的商业价值是展示企业产品、提升品牌形象，这也正是我们创作的核心原则，因此"人气"一词成为设计师进行概念讨论时的重点语汇。该项目位于沈阳市浑南新区的一处主干道交汇口，周围以住宅区为主，售楼中心正对着主干道，前面有一片树林及一小块儿可作为广场使用的场地，后面便是开发单位的楼盘。在考虑如何集聚"人气"的时候，公园、广场的场景首先出现在设计师的脑海中。

　　我们利用建筑前面的树林及场地创造一个小型的休闲广场并且一直蔓延至售楼中心，同时做了一个阶梯状的景观带，由木质阶梯、休闲平台及景观绿化组成并抬高了 3m 的高度（与售楼中心建筑的主入口高度一致），人们可以在休闲广场上娱乐也可以在景观带上休息，甚至可以沿着景观阶梯踱步至售楼中心入口，这样减弱了景观与建筑间的界限感，使它们成为一体（图 2）。

　　抬高了 3m 的建筑下面形成了一个架空层，我们仍延续休闲广场的概念将架空层与景观结合，而建筑本身的柱体结构也成了景观元素的一部分，人们可以在架空层内穿梭至休闲广场，也可在其中休息、停留。有趣的是我们将一些高度在 5～6 米的树木种植在架空层内，并在售楼中心的楼板上开洞，使这些植物穿过楼

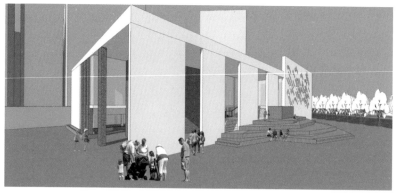

图 2

板"生长"至室内空间。半封闭式玻璃墙体在架空层内围绕着这些树木，在保证了室内温度的同时也产生了小型温室效应，不仅促进了室内空气流动，而且提高了室内空气质量。

在架空层一侧我们设计了一块由玻璃围合成的场地，内部是景观植物与水景组成的休闲空间，人们可以通过内部的楼梯上至售楼中心内部，同时我们在这块场地的上方设计了天光系统，自然光线可以直接照射进这个休闲空间，光影与水及植物组成了下沉式的庭院，它与室外空间仅以玻璃墙体分隔，模糊了室内外空间界限的同时，使景观这一元素以非常自然的姿态"生长"进入售楼中心室内（图3）。

至此，售楼中心建筑已成为整个休闲广场的一部分。人们可以在此休闲、娱乐、集会，也可以在使用这个休闲广场的同时漫步至售楼中心内部进行参观及咨询。因此，我们将售楼中心室内设计风格定位为现代简约、自然舒适。为创造出由外至内的"生长"空间，售楼中心内部装饰沿用了建筑外墙的红砖材料并结合大体块水泥墙体，同时运用了取自当地的个性化大纹理走向的天然大理石以及极具现代感的张拉膜异形造型，与"长"入室内的植物相互衬托组成了现代、自然、舒适又不失震撼力的室内空间（图4、图5）。

图3

图 4

图 5

图 6

　　在我们创造的这个建筑、景观、室内互相"生长"的空间
中，开发单位的品牌 VI 形象在人们不经意的游走间滋生蔓延，
随着休闲广场的使用及人气的提升，企业品牌形象的提升也是
不言而喻的，而且售楼中心建筑在完成其使命后将成为居住区
的休闲会所，随着景观的成熟与完善，植物的生长及人气的聚集，
这里将成为这个区域的地标性场所。可以想象得到人们坐在阶
梯式景观带上俯瞰休闲广场，或是在售楼中心下面的架空层内
休息纳凉，或是走进售楼中心内部游览参观其场景，是何等的
自然与和谐。

　　这便是这个项目中"生长"一词的概念，它是可持续发展的
一种形式，也是生态节能理念的一种尝试。在项目设计的过程中，
建筑、景观、室内设计师们坐在一起，共同研究讨论并完成了这
样一个具有挑战的设计任务（图 6）。

设计·用户

偶遇的设计成就了一段缘分与亲情

方路沙（博客：http://9415.china-designer.com）

现任长沙非线性设计事务所——方路沙工作室设计总监
国家注册高级室内设计师
中国建筑学会室内设计分会会员
中国室内装饰协会会员
中国陈设艺术专业委员会会员
中国建筑装饰与照明设计师联盟会员

　　这是我刚完成的一个项目，两个多月的设计与异地施工指导，使我和业主亲如一家，从与业主认识到设计与指导，期间除了工作笔记我还做了很多感悟与手记，原想只是自己生活与工作的一点记录，正好符合《设计非常道》设计与用户的题材，就拿出来晒晒，和大家一起分享……

2011 年 7 月 13 日

　　很累，从工地回家还没坐几分钟，QQ 里就有人在加我，打开一看是一位自称河南濮阳的李女士问我做不做小型湘菜餐厅的设计。有俗话说：一朝被蛇咬，十年怕井绳。早些年在河南郑州上过一次当，说心里话对河南的业务还真是心有余悸。试探着聊了几句发现此人心还很诚，对我也好像比较了解，几个回合之下我们一见如故，彼此间都有了好感。说再见时我看了一下时间，竟聊了一小时四十五分钟！这么短时间能基本"搞定"一单设计的意向，在我的设计生涯中好像还真不多见，是否意味这是个好兆头？

2011 年 7 月 14 日

李女士在网上留言说她对餐饮行业不懂，对设计也只是点感性的认识。所有的事情全要交由我来处理了，并说为了此次的设计她在网上游逛了一个来月，也接触了很多设计师，不是要价太高就是沟通不了。她关注我很久了，只是怕我不愿接她的小业务。晕倒！她还强调非常喜欢我的设计风格，同时对我提出的前期构想、设计时间、设计费用均无任何异议。哇！我是不是碰到了传说中的知音了？哈哈。

2011 年 7 月 18 日

按照我们彼此的约定，李女士今天晚上飞来长沙。约了好友阿 S 一同前往机场，有点小难，双方都没有见过面，好在我的光头黑衫应该在众目睽睽下比较显眼。

一同来长沙的还有李女士的死党小龙。在机场握手相识后共同驱车来到我们网上结缘的地方——太平老街箩乐咖啡厅，李女士就是在这个作品里认识我的。愉快的交谈使我们打消了彼此心中的疑惑并约定在长沙的考察行程。

2011 年 7 月 19 日

一大早就被李女士的电话惊醒，时间安排得很紧，看来她们比我急多了。也对，时间就是金钱，这个道理她比我有更深刻的体会。但作为东道主礼应尽地主之谊，这我还是懂的，再忙我也要带她们看看近年长沙的发展与美景。

开车沿湘江大道风光带一路走去，七月的长沙已然进入炎热的夏季，而早晨的沿江风光带凉风习习，分外凉爽。我当起了义务解说员，娓娓道上我们的长沙、我们的历史、我们的建设、我们的未来。李女士被我的热情所感染改口叫我大哥，这一刻我觉得我们雇与主、甲乙方的关系在慢慢消失，取代的是一种双方对未来事业的憧憬与真诚。

中午在我设计的一个酒店订了餐，老板是我多年的铁哥们儿。此行还有个目的，就是帮李女士这个还在襁褓里的餐厅物色厨师队伍。

中餐在愉快热闹的气氛中进行，我哥们儿还真够仗义，马上联系一位厨师长当即达成了合作的意向，余下就看我的发挥了。

2011 年 7 月 21 日

按设计计划书的程序，我和李女士及小龙一起回访河南濮阳进行实地考察。

晚 10：50，我们刚走出机场，李女士的大姐携公司员工数人已在此迎接我们，后来我才知道郑州机场离濮阳还有 200 多公里，他们在此已守候一天。如此盛情让我觉得汗颜，我何德何才让他们如此重视？只有一种解释，那就是缘分、真诚和大家对一份事业追求的责任。

到濮阳已经凌晨两点，吃过宵夜，一夜无语……

2011 年 7 月 22 日

早早醒来，马上就投入到工作状态。地理分析、环境走访、周边结构、外观拍照、业主交流，一天时间勾勒了数张草图。很累但很舒服。长期以来我把工作和设计作为了一种享受，就是因为我只做我想做的，只做我喜欢的，只做能和业主沟通并能尊重我劳动心血的。看到我的设计方案一步步从图纸走向现实我就觉得有如女人的十月怀胎，阵痛之后的那种满足与欣慰，也是痛并快乐吧，哈哈！

晚宴在李女士（我现在已经叫她阿红了）和她大姐及全体公司员工的盛情招待下觥筹交错、尽兴极致。

2011 年 8 月 10 日

方案设计终于做完了，剩下来的还有效果图、设计说明、图纸编号、整理、打印、装订……

我期待着一个新作品的问世，我更期待着一个新生命的诞生。经常会有媒体问我：像你们这样的设计师每完成一件作品，心里会有什么感觉或者感触？说实在的，我的感觉一是累，二是苦，三是希望有个好业主。哈哈。苦点累点还无所谓，如果业主对你的心血不认可那就惨了！还有好多人问我：你已经都这样了，为何什么事情都要亲力亲为？我也只能无奈一笑，江山易改、本性难移！说句好听的是"执着"，说句不好听的是"无能"。

今天上海的一位设计师朋友在网上给我留条信息，问我近来忙不忙？她从上海飞长沙转道怀化做一个商业设计项目，问我能否有时间在长沙接待她？我如实报来我的近况。没想到她一句：你缺钱吗？搞得我半天没有做出声来。她意思是，你都骨灰级的人了，还老这么折腾做什么？无语之后想了好久，也许这就是以上所言的两点，设计做了 26 年从没有想过再去其他的行当，应该说是执着了吧，但事事还去亲力亲为确实又有些无能了。好在阿Q精神心中永存，也就懒得想那么多，美其名曰达到了一种泰然处事的"意境"。是自己太喜欢设计？还是自己愿意去折腾？还是自己心里老有个梦想？真的是说不清道不明，可能瞎折腾本来就是我生活中的一部分，那就让它顺其自然好了，何苦去约束它，让生活变得残缺呢！

庆幸的是这个项目的业主是我多年来难得碰到的一个好人。我们现在已经不是雇佣关系了，彼此之间的信任与默契让我在设计之中游刃有余。这就是我所期待的一个新生能在大家的关怀中诞生……

今天的文字发在了我的QQ空间里，第二天阿红给我回复了一条："金钱可以买来设计和服务，但买不到高贵的人格和魅力，名利能满足人的虚荣和欲望，却无法赢得尊重和真情。感谢有您，风雨兼程地送我上路。是感激更感动……这份感动永远激励支撑我前进的步伐，为您也我自己，努力再努力。"

这就是我的甲方，这就是我的雇主，这也是我的朋友！

方案设计和施工图做了近 20 天好像有点长，但我可以负责任地告诉任何人我把我的情感，我的用心都融入在了设计里面，我期待的不仅仅是一件作品，而是渗入了我心血的一个新生命的诞生！

2011 年 8 月 15 日

当一切都完成后，看着厚厚的一摞图，我默默地燃起了一支烟。我在心里想象着它完成后将是个什么样子？

和阿红、大姐通了电话，晚上她们在机场接我……

又将踏入濮阳心情还是有些激动，50 天的施工期，我将配合他们将我们彼此心目中的这个影子从虚无完成为现实。

2011 年 8 月 18 日

到工地三天了，我天天陪着当地的项目经理做技术交底、现场放样、材料选购。生怕疏忽了一点点而使我的设计不能尽善尽美。但很多事情好像还不是我心目中想象的那样，也许是地域、习惯与观念的不同，以至于有些想法无法和他们进行沟通。纠结啊！

2011 年 8 月 26 日

与施工队磨合了一段时间，情况好像有所改变。

大姐和阿红对我关怀备至，一切起居都由他们亲自安排，每天还派专门司机来回接送和去材料市场，心中真的无语表达，唯有用心与尽心了。

中午，阿红和我聊起餐厅的定位与发展方向，希望我不仅仅做的只是室内设计。我知道她的意思，好在做设计已有二十多年，餐饮设计十几载，对于餐饮的前厅服务流程、后厨出品管理都还蛮有心得。我答应了她，一定辅助她做好设计以外的延伸咨询服务。

2011 年 9 月 8 日

今天我终于憋不住发火了！工程进度超乎我想象的慢，工程质量也不尽如人意。工人挑肥拣瘦说不来就不来，这样怎么能达到我预期中的竣工时间与效果？和阿红商量了很久，一定要把这样的局面扭转过来。

晚上拖着疲惫的脚走回住所，突然发现楼下的小超市挂起了一条横幅，祝市民中秋快乐！快到中秋了？时间真快啊！家里打来了电话，问我中秋能否回家？回家，这样的状况我怎么能够放手回家！无奈的心情中突然又揉入了一丝孤独……

2011 年 9 月 12 日

今天是中秋节，工人们都放假了，工地突然冷清下来。好在有大姐、阿红一家的照顾，感激之余写了篇《中秋寄怀》：

独在异乡为异客，

每逢佳节倍思亲。

遥知兄弟登高处，

遍插茱萸少一人。

唐代诗人王维的这首诗曾道出了多少在外漂泊的人心中对家的那种怀念！

第二次来中原濮阳已经好多天了。今天恰逢中秋佳节，窗外秋雨绵绵，朔风当空。好在大姐和阿红一家天天家宴盛待，让我倍觉亲人就在身旁……

漂泊对于我来说已经家常便饭，有那么一段时间我的心是漂泊在外的。总想去游历祖国的名山大川、江河湖海、边陲险关。总想在外走走看看，让自己的阅历更深，让自己的知识更广。人，应该活得更精彩！

在中原做设计是我的第一次，但我想不会是最后一次。因为这里的人，这里的山，这里的水已经融入了我的生活。他们尊重我的心血，他们也尊重我的人格。同时对他们朴实，他们的真诚，我永远心存感激！

一个多雨的中秋，一个寒冷的中秋，一个没有月光但心里暖暖的中秋……

2011 年 9 月 25 日

拉着阿红跑了三趟郑州。为了在中原的这个城市里做出我的样板，我对任何一样东西都近乎于苛刻地去挑选。大到家具、灯具、壁纸、地板，小到一块口布的颜色，一个酒杯的造型，一件艺术品的尺寸都要通过我。当地实在没有，我飞回长沙选样或从广州、深圳快递。阿红戏称我是她们"心目中的灵魂"。其实我更应该感谢的是她们，因为她们给了这么一个能展示自我的平台和实现我心中梦想的机会。

2011 年 10 月 2 日

10 月 1 日大姐有事要去澳门，趁此机会邀请了大姐、阿红还有两位公司副总到湘菜的发源地长沙一游。我的这些餐饮大佬哥们儿给足了面子，天天酒足饭饱乐不思蜀。湘豫两地终能联姻，也算我借花献佛回报了一把，哈哈！

2011 年 10 月 10 日

合同规定的工期到了，可收尾工作还是磨磨蹭蹭，当地的一些陋习终于越来越暴露无遗，为了最后的目标我唯有选择了忍耐。

厨师和前厅服务员都已基本到位，试菜和服务员的上岗培训都在进行中。我又多了一项任务，对菜式品尝检测和对服务员实际操作进行点评。

一个室内设计师从原始的平面方案做起，到所有室内外施工、效果图的完成，到具体施工的技术指导和跟踪服务，到餐厅的起名和 VI 形象及应用部分的制作，到所有的配饰陈设艺术品及植物的选购，到前厅、后厨服务及出品管理的培训监督，到企业长远目标的发展策划……林林总总、事无巨细，我想在国内的设计行业中应该实属罕见。

也许有人会想，你这样做肯定赚了个盆满钵满，哈哈！非也。我有做人的原则同时也有做设计的准则。我这人太感性，太相信一种缘分，太传统于人敬我一尺我还人一丈的道理。不过我这样做也有我自己的想法，现在设计界流传着一句话：设计创造价值。设计怎么创造价值？我的理解，一个设计师不光要有把控环境与空间的能力和超前的创造力，更重要的是能否为你的客户和业主提供尽善尽美的后续延伸服务。在这个项目中我想我在努力实现！

2011 年 10 月 25 日

很累、很纠结、很疲惫，但很欣慰。因为终于完成了从纸上谈兵到现实开业的过程。为这个案例写了篇设计感悟：《幽莲初绽，默默闻香》。

在给 MOMO 湘新派湘菜（后简称为"MOMO 湘"）餐厅设计试营业广告时突然想到"默默闻湘（香）"这句词，思路油然而生……

在都市的喧嚣中，有没有那么一刻，你只想与自己相守，安静地坐在窗前，细品美味，默看繁华，聆听内心莲花的绽放，并在那一刻寂静欢喜、安宁快乐。

这就是当初设计 MOMO 湘的初衷。餐厅取自"MOMO（默默）"，意为缄口不说话，幽寂无声。这是一种低调的不张扬，是一种厚实的蛰伏，是一种安然的自信。

湘菜历史悠久，早在汉朝就已经形成菜系，烹调技艺已有相当高的水平。而今它面对一种带着深厚底蕴的文化与新时代的融合，既要不失隽永又要不失新意，在设计上我选取用禅意的渗透与现代的简洁相结合的手法，将 MOMO 湘打造成一朵宁静的莲花，在默默中绽放着清香，让你畅想在悠久的历史与华美的现代生活中，理解生活的另一种姿态。

在设计选材上，不放弃复古的元素，木制的雕花哑口与藤蔓缠绕的浅褐色窗帘，在古色古香里韵味深藏。异形的吊顶与抽象树型隔断呼应在混搭空间，原木的色泽雅致而又厚重。侧门处青花瓷缸，莲花清漾，红鲤游动，自在惬意，恰似店内一首诗所描述的状态：莫言山林无休士，人若无心处处闲。

现代的设计元素，采用了透光液体彩砖局部装饰地面，在古韵里增加了几分迷离的色彩。吊顶上、深灰墙漆下的生态木造型简洁，与复古元素结合得自然且不留痕迹。灯光的选择上采用了多功能复合式配备，曲线形体的灯具与光源在起伏里安然温婉。

2011 年 10 月 26 日

我离开了濮阳，尽管有很多说不清楚的纠结，心中却还是充满着怀念之情。当然怀念之余也会有一丝的担忧。我的设计能否为他们创造价值？拭目以待！

希望 MOMO 湘在默默里积聚，在默默里诚挚安然，在不哗宠里自写一番境界，默然于天地间，默然于人心间，默然于一份不必言说的情意间。

大姐、阿红，还有在濮阳与我度过了两个多月的朋友，我会想你们，我也会再来的！

2011 年 11 月 25 日

阿红在网上给我传回一条消息，据当地媒体称：

MOMO 湘在 10 月下旬竣工试营业以来，以其极富韵味的用餐环境，变化多端的灯光照明，正宗地道的菜式出品，优良贴心的服务质量，赢得了众多食客的好评。

看到这些，我内心才是说不出的感动……

完工后的 MOMO 湘

完工后的 MOMO 湘

闲笔——以人为本

陈大为（博客：http：// 4041.china-designer.com）
现任大为辛未设计工作室设计总监

装修常说以人为本，找我的每个客户都会
这么说。

我理解的人性化包括两个部分，一是以
满足人的身体为本，二是以满足人的情感为
本。我们可以让这个身体很舒服，但要有节制——欲望一旦被
无限许可，沉沦便没有边界。床可以不停的大，折俩跟头都掉
不下去；浴缸也得大，能游泳；卫生间也得大，拉屎也得讲排场，
一个马桶都不够，得男女分开，马桶如宝座一般，神圣庄严之
势不能有半点污染——此话虽夸张，但很多豪宅确实是如此追
求，可以 20 万买一张床，2000 元的装饰画却要犹豫踌躇，这是
现状。

身体的满足很容易，多少钱都能扔进去，可火烧、可水泡、
可针扎、可脚踏，忍受着，满足着。精神的满足很难，最基本的
情感都满足不了，夫妻、家庭，更别谈精神的升华，最初只以为
有了钱什么都能买，可以买尊重、买地位、买世间看到的一切，
但依然空虚。

我们的祖先有着巨大的聪明智慧，可流传下来的家具样式只
有那么几件，硬邦邦的椅子，是他们不懂坐在软垫上舒服？还是
他们创造不出沙发这样的东西？当然不是，是他们耻于享受，不

愿意把精力只放在身体上，即便是暴发户也要附庸风雅谈诗弄画，上至君臣下至百姓都以先贤的思想为最高追求。只要社会稳定，都会产生大批闲情逸致的书画作品，小至花鸟鱼虫、大至山水游戏，体法自然抒发情怀。和平年代的今天，真能打动人的作品都引人反思。自由放纵之后我们体会到的是狭隘和悲哀，对儒雅长衫琴棋书画的景仰，早已改写为短裙蔽体的卡拉OK。

绘画可以尽情地表现，给人以哲思，给心灵以慰藉。室内设计也一样，只不过画布是墙、顶、地，颜料和笔是五花八门的材料，但我们也可以创造出好的作品，让心在顺境时充满活力，逆境时得到抚慰和滋养。设计师要重视情感的表达、精神的寄托，而不是如何让屁股坐得舒服，让后腰躺得惬意。当然，应该很舒适，但绝不是最终目的。很多人以酒店为奢侈的极致，家居的远景，不要总拿酒店说事，酒店照顾的是群体，不是个体，任何一个旅途中的人都不会拒绝安全与舒适，那只是偶尔过夜的地方，没有老婆煮的热汤面，也没有孩子的嬉戏，那不是家，给不了情感的滋养。

室内设计中精神和情感如何表达？首先是和谐通顺。和谐指的是元素之间的关系，包括造型、颜色、灯光，它们的把握连接，收放自如，还得用客户能接受的语言表达出来，得说通，通了情感就能顺畅流动。然后再去升华，比如帮他们找到喜欢的艺术品，把审美的方向有所集中。还要整理他们的藏品，不管什么东西，哪怕十年前老婆用弹弓打破他头的那块石头，只要有情感记忆的，都要安置在恰当位置，随时能看到摸到，自然而优雅。优雅并不是刺目的闪亮，可以璀璨，也可以默默的平静，在家里，人应是自由的、自信的，既是主人也是被照顾的人。

这些说起来很容易，一方面需要设计师对生活有真实的态度，灵感植根于朴实，一块普通的木头和石头在设计师的手中都要散发出天然的光泽，这种原始的光芒才是孕育优雅的沃土，我们要好好学习多多体会，包括自然也包括内心。另一方面我们的对象是任性倔强的客户，他们有他们的问题，我们有我们的执着，设计师多年修来的魅力可征服磐石，可方可圆，但难以说服一颗苛刻而渴求的心，不停地沟通、再沟通，客户内心的矛盾会不恰当地呈现为种种怪诞的要求，有时设计师像驴一样被拽着走，有时设计师又像牵驴的人拽着他走，设计师拼的不是能力而是耐力，有时像海绵仔细聆听，有时像木头充耳不闻，有时像狐狸威逼利诱，有时像菜农斤斤计较。我们还要多体会客户，不要被那些无所谓的笑容和说也说不清的深奥表达蒙蔽，嘴角和眼神都在说话，要用心去感受他们的需求和缺失。

　　每一个人都有最了不起的东西——感觉，感觉在一切理性判断之上，感觉是井底往上的绳子，感觉是连接你我的纽带（图1）。

图1

设计·生活

闲笔——完美

陈大为（博客：http：//4041.china-designer.com）
现任大为辛未设计工作室设计总监

　　喜欢金庸笔下的萧峰，完美男人，身怀绝技、正直、有勇有谋、如此大丈夫能钢能柔，对阿朱呵护倍加，视对方为世间唯一，痛失阿朱后形单影薄，让人唏嘘怜悯。一味强悍不屑儿女情长，非真男人，相反一味柔顺毫无智慧也非真女人。男人像大树，长得很高很壮、遮蔽天日，越高越需要水，水源少了，枯折的可能性就大。就像我有些客户，很有能力，能呼风唤雨，身边的小美女也多，但总有些小毛病——腰疼、腿疼。

　　恋爱初情感若有了污染，将来就会有问题。比如喜欢对方的貌美年轻，或贪恋对方的权势金钱，就算能日久生情，后来真有了感情也很难原谅最初的不真，这种不宽容与咨啬对己如钝刀般蹂躏，对他（她）如针扎般刺痛……

　　情感的渴求只有在富贵闲散之后才会像婴儿吮吸般表现得急切，会发现心中已有一口填不满的枯井。

　　曾经的未了情、隐约的缺憾，如站立于沼泽的平地，毫无把握又要极力掌控，内心冲突的疲惫与无能如潮湿灰暗的海水吞噬着微弱的阳光，或沉沦于酒色的海底，或驱驾着抑郁的纸船，没有方向……

　　情感出现阻塞时，甘泉流不进对方的心田，对方的滋养也日渐枯竭。我的客户都忙，回家都晚，也不见得个个都热爱工作，有些是不得已的……

房子的装修有助于这些问题的解决，为什么呢？因为居住环境象征着我们的心房，去朋友家里做客会更了解对方，陈设布置就是家庭关系最真实的写照。相反我们也可以通过这些外在的布局、色调等来改善家庭关系，滋养心灵。

心房的调整就像煎中药，得文火慢慢来。前提是俩人一起参与，全情投入，得劳累、得费心。恨恨然踏破市场，凄凄焉结发相伴，过程中一定会有不同的意见，我们学习的不是如何说服对方，而是接纳和了解，一次次一点一滴，感谢这些不起眼的螺钉、把手吧，之后你们收获的不只是新居而是久违的爱情。

房子的装修会有很多次，逢年过节刷墙、添几件家具也算，总的来说心在变、屋子在变，你的世界也在变。装修虽累，但住新居内心都变得敞亮，心情愉悦，焕然一新，像充了电，好像又要从头再来，所以小到扫地收拾屋子对内心都是有改善的。

新婚，对居住环境的要求除了基本功能外，也要贴花壁纸挂漂亮窗帘，烛台、洋酒更是不能缺。情调的营造只是对未来的憧憬，漫无目的，浪漫背后蕴藏着饱满的热情。对他（她）的了解就像满屋的装饰，可以田园也可以古典，再掺点极简，或摆张罗汉床……并不熟悉，只是满心的欢喜冲淡了彼此的距离。

感情就像一团泥，活着就得不停的摔打，时间越久越劲道。有了孩子会经历二次调整，矛盾冲突会伴随孩子的降生顽强显现，孩子的啼哭让我们学习包容和忍耐，装修会随着情感的考验呈冷静态度。不需要什么，功能为主，简单就好，谨慎的浪漫随时摸索着自由的边界。

孩子长大一些，父母又有机会回到最初的二人世界，再次调整，此时的生活如红酒，如苦茶，无尽的苦乐与酸楚一次次抚慰着爱人成熟的脸，眼角细密的皱纹缩短了浪漫与现实的距离，已然饱满，柔情藏于心底，此时的装修开始沉淀，田园、复古、有传承的欧式美式中式都可承载这段不平凡的历程，此时的浪漫最

图 1

易表现，如鲜花般盛开，含蓄而奔放，硕果累累。我的客户很多都是这个年龄，四五十岁，市场上的家具款式也主要是针对这些人销售的。

当爬不动台阶，咬硬东西非得放到后槽牙挤眉弄眼时，还会再调整一次，人老了，此刻的装修反而要长久、耐用，时日不多矣，不想再折腾了，此时的情感混然纯熟，不分你我，喜欢实木原初的亲切，不需人为的复古，不需刻意的浪漫，真的是简单实用就好，当然也不会专门去请设计师，最多是孝顺的乖儿子把设计师当个玩意孝敬给亲爱的老爸老妈。

总的来说，情感如不通过残酷的心灵成长来解决，通过房子的整合也能奏效，但慢了点，当然一定要请设计师帮忙。

要听设计师的话，别乱改，设计费得高，一次性付款也行，双倍也没问题，或常送些小礼物什么的，估计也都不会介意的。

我 与 交 换 空 间

陈鑫杰（博客：http：// 63889.china-designer.com）
现任北京鑫思维室内设计室设计总监
高级室内设计师
中国装饰协会会员

前些天我很荣幸地参加了一次中央电视台《交换空间》栏目中《家装气象站》的环节录制。平时也经常看看这个节目，真等自己去做的时候，才知道不是那么容易。虽然最后播出只有几分钟，主持人侃侃而谈，设计师也就那么几句话，但这其中可是花了导演、主持人及摄像师很多的心思和力气，真是"台上一分钟，台下十年功，"一点没错。

由于是第一次上节目，我没有经验，也不太会说话，经常是不知道要说什么，主持人问了话后，总是接不上来，要么就是发呆无语，要么就是说话眼神不对或身子侧对着摄像机，着实让导演和主持人费了不少心思才勉强过，特别是摄像的李哥，扛着摄像机，反复了很多次，累得直喘气，而他还不停地鼓励我，其敬业精神值得敬佩。虽然大家都鼓励我，让我放松，但最后还是表现得不理想，只录了一小段，上镜时间可能不到 1 分钟，非常遗憾。

听导演说这个环节根本比不上《交换空间》环节的两家实地拍摄那个辛苦，想想其实也是，我这个作品是针对一个设计成品进行讲解，累了可以有地方休息，而那个环节是在工地的现场，

这么一个现成的空间就花了如此多的心思和精力，何况两天时间
都在施工现场呢！

　　值得一提的是这次我的女业主的上镜表现得非常好，很自然。
业主也都是从事艺术行业，对色彩和美的艺术很敏感，什么样的
色彩都能接受，设计时他们让我自由发挥，我们相互配合，才得
以让这个空间发挥到了极致。设计之初甚至没有出一张效果图，
但这个空间却是我所做的所有家装空间设计里，自认为最出彩的
一个（图1、图2）。

图1

图 2

　　这次的录制给了我很多启示。作为设计师，只注重手头的功夫还是不行，以后我还要多注意表达，就像导演所说，你的作品再好，你表达不出来，不能更好地让别人了解到你的思想及内涵，作品就会大打折扣。的确是如此，俗话说"会做的不如会说的"，也是这个道理。

太平老街　那人那事

方路沙（博客：http://9415.china-designer.com）

现任长沙非线性设计事务所——方路沙工作
室设计总监
国家注册高级室内设计师
中国建筑学会室内设计分会会员
中国室内装饰协会会员
中国陈设艺术专业委员会会员
中国建筑装饰与照明设计师联盟会员

前面的话

何立伟的一篇《咖啡色的城市》把我的心搅得神魂颠倒。殊
不知这个湖南本土的著名作家怎么会把长沙形容成一座咖啡色的
城市！在上海咖啡、红酒行道里打拼了近8年的他决定回长沙，
这个被老何称作"咖啡色"的老城，继续延续着他的梦想……

"玉兔"伊始，我在长沙太平老街盘下了一个面粉馆要打造成
咖啡馆，经过一个来月的设计与施工，来回穿梭在小街的石板路上，
感慨点点、思绪良多。

在长沙居住过一段时间的人应该都知道长沙有一条"太平老
街"。

太平街坐落于长沙市老城区南部，街区以太平街为主线，北
至五一大道，南到解放西路，鱼骨状的街区200年未变，全长
375m，宽不过7m，是"古老长沙"的缩影。自战国时期长沙有城

池开始，太平街就是古城的核心地带。街区内，小青瓦、坡屋顶、白瓦脊、封火墙、木门窗，是这一带民居和店铺的共同特色。老式公馆则保留了较为原始的石库门、青砖墙、天井四合院、回楼护栏等传统格局。

现在，心中的太平街只剩下儿时记忆的斑斑点点。那时放学后还会经常和小同伴们一起跑到太平街，用口袋里仅有的几分钱去淘自己喜爱的东西。想起旧时的太平街就仿佛还能闻那充满整条街道的干货与山货气味。2007 年末，传闻政府投巨资重修了太平街，虽然近在咫尺却很少再踏入那古味古香的"太平老街"。如果不是这个咖啡小店，我也许不再会与太平老街结缘……

太平街上的那些人

人，是太平街上的一道风景。

无论是星期一还是星期天，无论是晴空万里还是阴雨绵绵，无论是白天还是黑夜，太平街上永远都攒动着年龄大小不一，肤色着装不一，国外国内不一的各色人等。

我到过成都的宽窄巷子，我也到过杭州的河坊街，我感觉太平街的人和他们一样，都过着清闲、安逸与世无争的生活。

这里有在太平街居住几十年之久的原住民，也有沿街商铺里的老板和伙计，而更多的是慕太平老街之名前来旅游观光的外地游客和本地学生。当然，十足养眼的美女也比比皆是。

在我设计小店的旁边是一条普通小巷，那里住着很多居民。有一位 75 高龄的老人，天气一好，他会推出一辆小车，上面堆放着各种装满调料的小瓶小罐。一块手写的挂牌上书：古代传统，大公小吃：凉面、刮凉粉。据老人自己说他是经长沙市委梅书记接见过的，上过报纸的特批人物。因为太平街根本就不允许在街上摆摊设点的，能摆摊的，至今为止，唯他一人。不过这凉面、刮凉粉是否"古代传统"？我没有考究过，但作为长沙名小吃却毫不为过。有时嘴馋我也试过几碗，凭良心说，老爹的手艺真不咂地，是我吃过的凉面、刮凉粉中最差的，哈哈！我总感觉他调料舍不得多放也放得不到位。可他的生意却天天出奇的好，那些外地的观光客和年少的红男绿女们不知中了什么邪，围着这老爹要这要那。一般不出三四小时左右他就可以卖出80来碗，挣个盆满钵满，回家小酒一抿，爽哉、乐哉……

还有，不得不提的是"李四姐正宗臭干子"。在太平街上好像她是唯一一个卖臭豆腐的小摊，所以就可以称得上"正宗"了。每天中午时分走到太平街的中部，马上就可以闻到空气中弥漫着一股油炸臭豆腐的幽香。这臭豆腐更是长沙的名小吃了，连毛主席他老人家都称道臭豆腐是"闻起来臭，吃起来香"。每逢节假日，四姐那窄窄的小巷口就经常排起长龙。我就纳闷了，未必她的臭豆腐真的那么勾人食欲，那么让人馋涎欲滴？试过几片，真的也就那个味。我不是有意歪曲长沙的名小吃，我也不是一个嘴刁的食客。事实是比他们做得好的有很多，他们不过是具备了太平街的天时地利与人和。

"鞋儿破，帽儿破。身上的衣服破……"一曲被改了词的《济公》时常回荡在太平街上。太平街成千上万的人流中时常可以看到一个衣着简朴，睁眼半瞎的半百老头。身挎几袋，手提一袋儿时的食品"泡泡果"沿街叫卖，他叫卖的方式很特别，和一般的吆喝不同，他基本是用各种各样的歌填了自己的词来吆喝生意的。填的词嘛在这里就不做披露了，哈哈。要不会有涉嫌攻击的嫌疑……他一路走来，经常会有外地人和学生们找他拍照和录音。他要价不高，买他一包"泡泡果"他可以给你唱一曲，如果给他5元钱，你甚至可以点歌，哈哈。你有兴趣不妨亲临太平街看看，听听这老头的独特的唱白。

太平街上的那些人，构成了今天太平街的景。那些停不下的脚步将永远在古老的麻石路上行走着……

太平街上的那些事

咖啡小店装修完后，有一段时间我会经常坐在 Caco Café 小咖啡店靠窗的桌旁，品着一杯苦中带甜的卡布奇诺，凝望着太平老街发呆。那一刻我真觉得这是一种人生的享受，享受着那难得的悠闲时光……

太平街对我来说是一条说不清道不明的街，看着那满街的熙熙攘攘人流，很多人却说这里有人气没财气。街不大上百家门店经营着形形色色的生意。这里好像没有主题，也不需要什么主题，吃、穿、住、行什么都有。白天的湖南特产、创意基地、长沙老伞、手工印象、81 号公馆、兰桂坊、无上清凉、库库、呔啡、箩乐咖啡等热闹非凡。夜晚的朋友三四、没有吧、TT、z18、飘吧、蒂奇、月光胡同等诸多酒吧夜夜升平。但也有很多商铺前贴着门面转让的字条。这里好与不好，赚与不赚说不清也看不懂。也许只有那些老板们自己知道……

在太平街待的时间长了也认识了一些街上的老居民，闲时常和他们聊天扯淡。他们告诉我 2007 年政府重修太平街时花了大概有 40 个亿。听得我直咋舌，40 个亿，长 375m，宽 7m 的一条街，我不知道应该是个什么概念，可以修些什么东西？其实这里的居民心里也都有一个大大的疑问。只是事不关己，高高挂起而已！

太平街离北头出口约 100m 处有一处中西合璧的建筑，高耸的大门上书有"太平粮仓"四个大字，大门右侧山墙雕有"乾益升粮栈"。这粮栈说来也话长了，最初为清末长沙富商朱昌琳于清咸丰年间开设，朱昌琳是原国务院总理朱镕基的曾伯祖父。此座建筑现在已经列入"不可移动文物"保护名单。

整个太平街上最有名的应该算《贾谊故居》了。

太平街重新修复后，长沙市文化局尊重历史沿革，将故居大门向前推 3m，并收购明清旧门框、旧抱鼓石安置，恢复大门的明清风格。

"所有的门窗雕刻花纹，修复后保持了一致，以江南典型的门窗风格为准。"据贾谊故居管理处的相关工作人员介绍，清湘别墅游客休闲用的佩秋亭、工作人员使用的补柑精舍、还有将各建筑连接起来的环型太傅长廊，都按明清风格进行了重修。

与此不同，贾太傅宅的建筑是汉代风格，它将按汉代画像砖上的图形仿建，已保护的6000余方晋砖也被全部利用，宅内复制《贾谊纪功碑》及反映贾谊生活、工作的塑像。

1997 ～ 1999年期间重修后，贾谊故居已成为长沙市的一个文化地标。一直以来，长沙历代重修贾谊故居都被社会各界视为大事，盛世重修故居成为长沙历代当政者一项传统，至今有据可查的达百余次。

有意思的是，二期修复后，故居大门两侧有一副对联仍然空缺。

"这是从明代重修以来就留下的一大遗憾，"工作人员说，历代史书都没有故宅门联的记载，先贤名家包括杜甫、韩愈等先后为贾谊撰写过诗联，但均不适合当作大门对联。

2001年重修后的贾谊故居向游人开放时，管理处曾通过包括互联网在内的各种媒体向全球华人征集故居大门对联，然而最终仍因一等奖空缺而无一联镌刻于大门两侧。

后面的话

Caco Café侧面的墙上有一幅广告，古老静谧的太平街上绽放着几枝嫩绿的枝芽，一句广告语道出了它的定义：箩乐咖啡，品味时光。时光是可以拿来品味的吗？没错，人如果活到了一定境界，也许就可以领悟到该怎样去品味时光了（图1）……

图 1 Caco Café 咖啡馆

设 计 是 土 豆

邵源（博客：http：//743029.china-designer.com）
现任山西方向设计研究院设计总监
高级室内建筑师

"马铃薯黔、滇有之……山西种植为田，俗呼山药蛋，尤硕大"这是 1848 年，山西巡抚吴其睿著《植物名实图考》的文字。山西百姓更是以土豆充粮做菜。在现代文学史上占有重要地位的"山药蛋派"的开创者赵树理先生，提炼山西晋东南地域的群众口语，表现出一种"本色"，建立了一种清新、朴实、自然、俭省的民间语言，并关注现实与民生。带着乡土味的"土得掉渣"的创作方法表现出了鲜明、浓厚的民族风格和地方特色（图1）。

所以在我看来，土豆离生活更近，离传统更近，离传统精神更近，当手与土豆的表皮接触的瞬间，我可以在它的身上找到那份平常、普通。抚摸土豆的"皮肤"，可以感受到一种朴素、平和、务实、扎实和宁静。在设计和商业的关系上，在营造室内空间方面，我都在使用或者说在延伸这份由土豆而生出的感悟。

土豆作为人们日常生活的必需食品，让我想到设计与生活的距离、设计与百姓的距离。贾樟柯先生曾说："电影离现实很远，是想象中的一种东方，那是一种假造的民俗，现实的情况在中国影片中没有被表达。"那么，今天室内设计的"过度"设计是否也是一种假造？人们在用吊顶、背景墙到底要遮盖或者说陪衬什

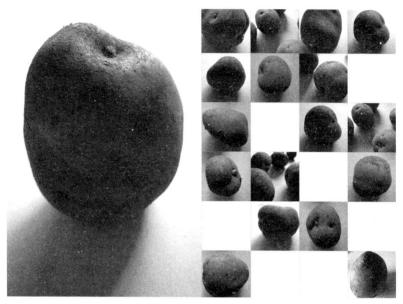

图1

么？普通百姓或者低收入人群的室内设计应该是什么样子？他们需要怎样的审美？中国当下的室内设计是否有他们真实生活空间的记录？

设计是土豆，而我是一个农民，设计是平门①，所以说我是平民。只有这样，我和我的思维才会和它们更近。

土豆、平门这些普通之物，如果成为自己心灵的墙，就像某电视剧的主人公在事业成功之后，面对都市繁华，他定会在一年中的某个时间回到家乡的那条渠（红旗渠）上，去走一走，会找到曾经的那份扎实与平静，心灵的墙就是布满沧桑的老墙，它是平衡心欲的良方。

设计是什么，它是记录生活、感悟生活的方式和载体。

注释：

①平门：指平板门，装修之前原有的平板门、门框是要被全部拆掉的，我用平板门、门框做过一系列装置作品。

"不用数码相机"的设计师

陈向京（博客：http://188819.china-designer.com）
现任广州集美组室内设计工程有限公司副总
裁＆总设计师
中国资深室内建筑师＆中国资深室内设计师
广东省高级环境艺术设计师
中央美术学院城市设计学院客座教授
广州美术学院设计学院客座教授
美国 IIDA 国际室内设计师协会会员
中国室内设计协会 CIDA 设计委员会副主任
中国陈设艺术专业委员会副主任
中国建筑学会室内设计分会 CIID 广州分会理事

北欧考察回来以后，公司传开了王受之先生对我的评语："在我认识的设计师里面，陈向京是唯一一位不用数码相机的人。"确实，在北欧考察路上，我随身背负的是沉重的老式禄莱（Rollei SL66SE）120 相机和 250、80 镜头，与其他成员，特别是王受之先生、林学明先生的先进数码相机和设备相比，是如此的不合时宜，在随时随地传来的"咔、咔、咔"的快门声中，心中不时感到愧意。

只是，任何事情都是有理由的，我成为"唯一一位不用数码相机的设计师"也是有理由的，至于理由充分不充分就只能是见仁见智了。

在如今讲求速度和效率的数字化时代，拒绝数码的生活是几乎不可能的，特别是一家设计公司的运营，更无可避免地要在第一时间掌握和应用先进的数码技术。我作为公司的总设计师，负责设计的创意工作，当然用脑的机会要比用电脑的机会多，而且我周边的工作伙伴，都是数码技术操作的高手，填补了我这方面的缺陷。大多数情况下，我要求助手记录和拍摄（当然是用数码相机了）我们需要的素材，所以我就有了"不用数码相机"的第一个原始理由。

经验告诉我，面对同一场景时，相近的人所关注的几乎是相近的焦点和视角，所以每次为公司拍摄工程照片，参与的"摄影师"（多数情况下是曾芷君、张宁和我充当此角色）都会事先计划、分配工作，安排各自拍摄对象和细节，务求多、快、好、省地完成拍摄工作，避免重复劳动。所以此次往北欧考察，明知大家会带数码相机去狂拍资料，像我这种数码"低能儿"，又何必去硬充数呢？乐得有机会以心去感受。这似乎是自私了点，但想想回来整理资料的时候所耗的人力物力，去清扫重复的拍照，似乎我也是有先见之明，这也就有了我在北欧考察时"不用数码相机"的直接理由。

我一直以来抱着"非专业心态"去工作，这实质上是希望自己能轻松地投入工作。对待工作我尚且以"非专业心态"对待，更何况是摄影这一业余爱好呢？故名"业余爱好"就是凭的一股热情，热情过后什么都没有了。对于摄影，我是真正的业余水平，所有技术都仰仗梁建国和曾芷君等的指导，所能仅守的就是一份热情，所以担心一旦爱上了数码相机的多姿多彩和易于亲近，恐怕就再没有心情调拨那一板一眼的老式相机了，所以为了保持对老式相机那无可把握的神秘感，和对照片效果的守望等待的心悸，我只好放弃数码相机的多情诱惑了。这就是我"不用数码相机"的心理理由。

实质上，职业需要，我是使用数码相机的，而在心理上和感情上，我不亲近数码相机。

为阿Q设计

裴爱（博客：http://30123.china-designer.com）
现任深圳市中孚泰文化建筑建设股份有限公司设计总监
国家一级（高级）室内装饰设计师
广告设计师
实用手绘基础理论创始人
国家（室内设计师）职业技能鉴定标准开发组成员
中国室内装饰协会设计专业委员会委员
广东省职业技能（室内设计）高级考评委员
广东省装饰行业协会专业委员会常委

　　语文老师在课堂上讲鲁迅先生《阿Q正传》的时候，一个带着梦呓的怪笑让他拥有了这个声名天下的绰号——阿Q。

　　阿Q是我北方一起长大的朋友，是连考试都能把同桌名字抄到自己试卷上的人，我曾经为有这样一个朋友而脸红！也许是上天给予了阿Q太多的别样聪明，多年后以折腾房子为职业的阿Q竟是我们朋友圈里公认的"富豪"了。

　　我为阿Q的家做过两次设计。

　　20世纪80年代末。当我们还靠每月几百元工资生活的时候，阿Q已经住进了150平方米四室两厅的"豪宅"！当我把设计方案展示到阿Q眼前的时候，他的表情变化极其夸张，从惊喜到困惑，再由困惑到咆哮："为什么没有书房？"

那夸张的表情让我一阵大笑："哈哈哈哈——文盲还需要书房哦？！"

"要的要的，宁可没有茅房也不能没有书房。"

"你家除了房产证和户口本，还有书哦？"

"没错！我是文盲，所以才要书房！我不希望我的儿子也是文盲哦！没有书不要紧，我可以买哦！你只要给我选定一款最贵最好的书柜就好！"

"那就依你！给你圈出一个书房！"我见阿Q不是在开玩笑，便很快地在图纸上画出书柜的位置。

"整个装修下来，人概要多少钱？"阿Q终于问到了最关心的问题。

"我估算了一下，有12万左右……"

"什么什么？12万？不行不行，这绝对不行！"阿Q把头晃得像拨浪鼓一样。

"如果你觉得12万有点多的话，10万也差不多……"

"哈哈哈，兄弟！你理解错了，我不是嫌多，是嫌少！就按你说的数再翻一倍，你再费心提高点档次。"

就这样，在20世纪80年代末的塞外小城，我为一个"文盲"设计了一个装修费用25万且拥有书房的住宅。

正当我感觉万事大吉的时候，接到了阿Q的电话："哥们儿，听说书店经理是你的朋友，你看看帮我买5万块钱的书能装满书柜吗？"那是我有生以来第一次遇到这样买书的。

书店的经理朋友看在我的面子上，只收了两万块钱，就亲自开车、亲自搬运、亲自把书摆放到书柜上。我随手从书柜上抽出一本装订考究的书，扉页上印着马克思的画像，我猜出那一定是本法文版的《资本论》。我抬头看了眼还在忙着的书店经理，他正向我点头并诡异地微笑着……

5年之后的春节，我应邀再次踏进阿Q的家门，书房还在、书柜还在、书还在——《资本论》还在原来的位置上，唯一不同的就是那些书都蒙上了厚厚的灰尘！我笑着问阿Q："那些书，你看过多少哦？"

阿Q回答我："天天看着哦，一本都没借出去过！"

"哈哈哈哈，文盲——就是文盲！"

那年春节过后，我离开了那座生我养我带着清晰印记的城市，而今从北方来到南国已经10几年了，但阿Q的故事仍时常被我当做笑谈讲给我的学生们！

我为阿Q家做的第二次设计是去年的事情。

那天阿Q打来电话："哥们儿！我又买了套房子，还得麻烦你给设计一下！"电话里的阿Q透着往日的亲切，让我无法拒绝。

"好哦！你把平面图发给我吧！"

"你把电子邮箱告诉我，我现在就给你发过去！"阿Q的回答很令我意外——文盲也懂电子邮箱了？"还是原来那句话，宁可没有茅房也不能没有书房。其他的你看着办就行！最重要一点就是这个房子，我要做成美式新古典的！"

"美式新古典？你从哪里看到过这个驴唇不对马嘴的名词哦？"

"书上哦，就在你们设计师看的书里！网上也有哦！"

"哎——文盲就是文盲哦！200多年历史的美国连古典都没有，哪里来的新古典？"我嘴上那样说着，大脑搜索着——这名词我似乎也看到过！我的心里感叹着："这年头，文盲都能出书了！？"

"你大概给我设计一下就行，其他的我自己再改！"

"你自己都能改设计了？"我惊奇着。

"哈哈，那有什么难？我这么聪明一看就会，你们设计师不也是找本书抄来抄去的吗？自己抄完了，连原来设计的名字都不敢说……"

"哈哈，就你行！你考试都能把同桌的名字抄上！"

"那是，那叫标明出处！"我俩在电话的两端大笑着。

阿Q笑得很开心！

我笑得有点苦涩——既感慨万千，又无言以对！

正当我无话可说的时候，阿Q转换了话题："大师，我请教你一下，什么叫工装？工人的工，服装的装？"

我晕，这个他也看到过："那还不好理解哦，工装，工人上班穿的服装！"

"奇怪了，网上说的好像不是这个意思哦！"

"哈哈哈哈！那你就去问他们去吧！我给你做设计没问题，不过你必须答应我一个条件——你改过的图纸千万不要说是我设计的就行！"

"好说好说！不对！不对！我不说！我不说！"阿Q承诺着。

"你一个中国人还是爱国些吧，做成中式的行不！本来就是喝粥的肚子，总跟西餐较什么劲哦？"我半开玩笑的同阿Q商量着。

"有道理！有道理！大师就是大师！"阿Q笑着，夹带着北方人的"忽悠"！

3天后，我完成了给阿Q做的第二套中式装修方案，并用电子邮箱发给了他。

2个月后，阿Q打来电话告诉我，装修结束了，全家人都很满意，而且我的设计方案他一点没改地做了！这让我暗自庆幸。

转眼又是一年春节。

在塞外小城，在我挥不去的记忆里，分别30多年的同学在阿Q家聚集了！这倒是我没有想到的——"文盲"也有这般的同学情谊！

男女同学相互说笑着、感叹着、相拥着挤进阿Q的家门，竟把我这远道的"贵客"遗弃在门外！

阿Q拉着我的手："快进来！欣赏一下你设计的大作！"

"稍等！"我立在门前，手撑在门框上："我不敢进哦！"

"为什么？"大家都疑惑地望着我！

"那个东西是从哪里来的？我设计里没有的哦！"我指着门厅隔断上的一个图腾装饰问阿Q。

"哈哈，大师也觉得惊喜吧！这是一本古书里找到的图案，觉得不错就找人特别制作了一个！怎么样？仿青铜的，够味道吧？"

"有味道,而且还很重！我佩服你的胆量！"我嘲笑着阿Q。同学们也大都听出了我话里的意思，纷纷议论着："这个有说道吧？"

阿Q疑惑地望着我："怎么了？这不是中国的吗？"

"是中国的，不过——不是用在这的……"我故意吊着大家的兴致："如果我没有记错的话，这图案就应该是古代达官贵人死后镶嵌在棺木上的避邪之物！"

"啊？！怎么会是这样？"阿Q惊讶着，赶紧把那装饰拆了下来丢弃在门外："我这钱花得够冤啊！"

"不知者不怪，谁让你是文盲呢？就当是交了学费了吧！"我的话引得同学们一起大笑起来。

"快请进！看看我在广东花重金收来的家具怎么样吧？"阿Q依然兴奋着，期待着我的一丝赞许。

我看了看家具，再看看阿Q，从阿Q的眼睛里我看到了期许的肯定和赞扬："家具仿的不错，像真的一样……"

"什么？什么？仿的？"阿Q真的像泄了气的皮球一样："完了完了，我的银子啊！"

大家都眼睁睁地看着我。

"阿Q！你想听真话吗？"我笑着对阿Q说。

"想！当然想！你说！"阿Q乞求着。

"先给我一杯水，让我慢慢地告诉你。"

我接过水慢慢地喝着，慢慢地讲着："那两把椅子的确很难得，准确的名字应该叫黄花梨双螭纹玫瑰椅。你那个茶几，根本就不是茶几，那叫黄花梨束腰方凳。椅子和凳子配到一起，亏你想得出来！"

"怎么搭配不是主要的，我最最想知道的就是这3件是不是真货？"阿Q眼睛里急的有些湿润了！

"我没说不是真的哦！不过……"我仍故意吊着阿Q。

"真是急人啊！不过什么？你快说啊！"

我坏笑着："哈哈哈哈，你听好了——这3件东西，是真的，确实是真的！不过，不是一个朝代的，凳是清代的，椅是明代的！"

"哎呀妈呀！你要吓死我了！是真的就好，是真的就好！我们大家接着喝！"

阿Q像疯了一样，和我来了个紧紧的"熊抱"……

阿Q！请原谅我让天下所有的人都知道了你的故事，也许你也是借了鲁迅先生的光！

我期待着：什么时候能像你一样在设计领域里也声名天下！

设计·感悟

设计沟通随想

耿毅（博客：http：// 219053.china-designer.com）
现任上海耿耿工作室设计总监
艺术学讲师 & 工程师
高级室内建筑师
工艺美术师

设计师和牧师是否有情感上的联系或职业上的相似呢？

回答是肯定的。设计师的确被赋予了牧师的一些特质。

试想，当业主与他的新房（新娘）从相识相知到登记，之后满心期待地将好不容易买来的房子托付于你（设计师），并正式全权委托你设计后，你便成了他们彼此的见证，面对这份信任与荣耀，只想拿出更多的包容与感恩，感到责任重大是必须的。

然而，换位思考、将心比心，其实在大多数时候，业主的心情依然是忐忑不安的，他不能确定是否能百分之百地信任设计师，即使某设计师已具有业内的光环和众多的实际案例。意识到这点，设计施工的整个过程也可以理解成一个逐步让业主心理减负，信心加分的过程。

关于沟通

第一次会面最好约在现场，在沟通时会有较好的空间感。带上一些设计案例、色卡色板，方便现场比对。色彩牵涉个人喜好，在整体风格调子确定的情况下，尽可能为业主选择自己喜欢的色彩，既体现设计专业性也顾及人文个性。事后可以让业主再搜集些自己喜爱的图片或照片，在下次接触时，才会更好地提出问题，协调解决问题，相互契合。

手绘图纸，是设计师的基本功，可以结合电脑效果图各取所长。效果图是为了说明问题便于彼此沟通的手段，我时常会提醒业主不要被美美的设计图给误导了，只要有条件，设计师应尽量多花时间陪同业主看实样，找准感觉。这里值得强调的是找业主的感觉，而不是设计师的感觉！"牧师"固然受人推崇，但绝不是主角，好的设计师应该让业主感到对自家的预见性、掌控性越来越强，彼此的默契和自信也在这一过程中不断得到提升。

沟通表达，是设计师的基本功。优秀的设计师应能富于想象力地陈述，不断消除业主的不确定和矛盾心理，仔细聆听业主的要求和问题。一般来说，业主都不是专业人士，否则也不会请设计师，所以即使有些问题很简单，设计师也要耐心仔细地回答，决不能有任何取笑和怠慢之意，这是设计师个人素质的体现。

另一个比较重要的方面是，作为设计师不仅要会设计漂亮的房子，还要懂得如何帮业主控制成本、考虑预算。所谓三军未动、粮草先行，预算多少直接对工程大局起决定性因素，在设计伊始就应考虑在内。不能只顾纸上谈兵，等到施工在才发现预算不够，这样会破坏原先的设计构思和整体协调，将是非常遗憾的。设计师应推心置腹地探求业主需求，并努力将材料恰当应用，体现价值、降低成本。

行业心得

许多国家装潢的概念是直接涵盖于建筑设计中的，称为"工程师负责制"。根据具体国情引申，我一直比较提倡"设计师负责制"，也称作"工程经纪人"。

所以设计师一定要注重全面发展、一专多能。光会说、会画、会赚钱显然不是最一流的，要敏锐、要激情、更要有责任感，我个人一直很推崇终身学习的理念，经验是靠积累出的，新技术是靠不断学习来的，材料、技术、时尚元素等，都是要花时间不断学习和更新的。

　　设计即生活，生活亦是设计。

杨飞谈设计之我的设计思想

杨飞（博客：http：// 474490.china-designer.com）现任广州诺美建筑装饰设计有限公司贵阳分公司设计总监

谈谈我的设计思想"设计创造价值"的理念，单从设计价值而言，价值有大小、轻重之分，就当今社会来讲，人类主要的社会问题是什么？地球生态资源的可持续发展是人类共同面临的重大问题。

从工业革命到现在短短100多年，人类对地球资源的掠夺可谓空前绝后，这种对资源的掠夺消耗的过程将导致一场恶性地球生态灾难，比如对石油、重金属、矿产、树木的无限度开采，导致对地球的第一次生态破坏，使地球变得满目疮痍、面目全非。接下来人类消耗这些资源，又形成第二次生态破坏，导致地球温室效应，甚至是核污染等不可修复的毁灭性破坏。像发生于1986年前苏联的切尔诺贝利核电站爆炸的生态灾难，2004年印尼海啸夺走成千上万的生命，2008年中国汶川大地震，2011年日本福岛县大地震引发的核污染等。另外，人类从远古至今所发动的不计其数的大小战争无不与资源掠夺息息相关，这些战争以付出千千万万个生命为代价，让曾经幸福美满的家庭变得支离破碎、痛苦不堪。如此众多的生态灾难已严厉地向人类敲响警钟，发出严重的危险警告，我们人类已刻不容缓地到了居安思危、开源节流的时候，尽管这些关乎人类和平、生存与发展的问题当由国家甚至世界力量去解决，但是，我们也能从设计领域入手，以节能、环保、资源循环再利用的危机意识去设计，站在全人类关乎生存、发展、毁灭的共同问题去思考，少一些对生态资源的掠夺与破坏，更多地从生态的共生性、未来性去思考，去解决问题。通过全世界设计师的共同努力，达成全球共识，以设计促和谐，以设计求发展，以设计创文明，倡导通过设计传达对环境，生态的珍惜关爱。让地球生态走和谐共生、持续发展的道路，让人类更长久地生活在这个美丽的地球家园。

美国著名建筑大师赖特先生于 1934 年在美国宾夕法尼亚州匹兹堡市东南郊设计的"流水别墅"，能为当地带来每年几百万人次的参观客流量、几亿美元的旅游收入，给参观者带来心旷神怡的美好感受，以及全新的感官体验；同样是美国著名建筑大师，盖里先生于 1997 年设计的西班牙毕尔巴鄂古根海姆博物馆，活化了当地的旅游和经济（巴斯克省的工业产品净值因此增长了 5 倍之多）；又比如中国举办的 2008 年北京奥运会与 2010 年上海世博会，其主体建筑场馆也已成为城市的新符号、新地标，使两个城市的旅游经济得到空前的发展。

这些建筑勘称为世界建筑经典设计作品，为人类创造了全新的感官体验，为当地旅游经济创造了巨大效益，为人类建筑文化开创了新视野。毋庸置疑，这些设计师的贡献非常大。但是，我认为这还达不到"大设计"的境界，"大设计"的境界应当是"先天下之忧而忧"、大爱无疆、普度众生的博爱精神。那么，设计的最大价值就是让地球生态资源可持续利用，人类赖以生存的地球家园变得越来越美好。

关于设计价值的思考

于洪海（博客：http：// 379010.china-designer.com）
现任广州方纬装饰有限公司 B 组设计总监

前几天和一位朋友一起吃饭，朋友提起他收购了一些云南旧民居上拆下来的旧木头，他问我："这东西你们做设计时能不能用得上？我想扩大规模"。我转身看了一下旁边的雕花木梁、旧时木车轮，工艺挺不错，古朴十足。我说："你这些木头我挺喜欢，别人就不知道了。就像玉石一样，懂行的、喜爱的人自然认为这是好东西，可能还是无价之宝。相反，外行人、不喜欢的人只会当它是块普通的石头，可能一文不值。关键问题是给谁用，如何用。"

过后，我一直在想自己说的那个玉石的比喻，其实做室内设计也是一样的道理。设计从项目立项，到项目考察、设计分析、设计定位、设计表达、设计制图、设计审核、设计实施，忙来忙去、改来改去，其目的不就是让设计体现其应有的价值吗？

很多室内设计师会觉得设计不好做，收费低、结款慢、改得多、工作量大，太累！难道做室内设计真的没有出路了？我不相信。虽然我的工作情况与上面说的没什么区别，但是我始终相信只要肯于思索、善于总结、勤于学习、敢于探索，一定会有改观的！话说回来，关键还是我们的设计价值被忽略了。常有些业主或甲方会说："你们做设计多简单，就只是画几张图而已，网上有很多图，你们搬来抄去，也没做什么呀，还收设计费，很多人还愿意免费帮我设计呢……"这是典型的设计价值被忽略的表现。还有那些免费给人做设计的单位和个人，他们大概也被设计不值什么钱的思想误导了。

我认为设计价值被忽略、得不到重视、得不到体现，才是设计不好做的一个主要因素。要让室内设计的价值得以体现、被认可，可以从以下几个方面进行尝试。

首先，是提高对室内设计工作的重视程度。一是设计从业者，即设计公司和设计师个人要更加重视设计，做出好的设计作品来；二是培养业主或甲方对设计工作的重视，让他们知道设计会给他们带来哪些益处。

设计是什么？我理解设计是一种创造性的思考过程，设计本身不是具象存在的，而是有意识创造出来的，服务并能改善人之所需的。

设计从业者重视设计，要多用心去想、去做，千万别把设计公司搞成制图工厂。图仅仅是设计的一种表达方式而已，尤其是不要过于迷恋计算机效果图，更不要过于依赖计算机和网络。计算机只是办公工具，网络可以打开眼界，但是网络里的内容优劣还是要靠设计师来判断的。

设计师要在设计元素上勤思考、多动笔去画，往往是笔随意动、意随笔出，好的设计想法就有了。再加之多看、多搜集，分析总结不同领域事物所存在的设计规律法则，运用到适合的设计中去。一点点地解决设计难题，再发现设计的遗漏之处，不断完善，使之成为经得起推敲的设计作品。

设计公司要做好设计管理协调，减少工作重复。搞好设计师的培训学习，提高设计师的专业技能。满足设计师工作所需，减少设计师的后顾之忧。对设计人才的培养保护与重视，也是对设计工作重视的主要表现。

很多业主或甲方对于设计工作是不了解的。有些是一无所知，有些是一知半解，要让他们去感受设计价值有难度。所以我们应该正确引导，让他们明白设计工作的过程与设计的好处。当他们清楚地知道了设计可以让空间利用率提升，空间形体色彩更舒适，声、光、水、电使用更便捷合理，能给居住其中的人们以特有的益处与享受……他们还会不在乎设计吗？俗话说："做好事，不留名"，我说："做好的设计，要让人家知道好在哪里"。

其次，设计操作应更加规范。由于室内设计行业入行门槛低，设计公司与设计师也是良莠不齐。多数设计师是设计专业毕业的，也有其他专业转行的，还有些是计算机软件培训机构培养出来的，确实存在能力的强弱差别。设计公司有些是设计精英组建的，还有些是工程经理组建的，由于他们工作特点不同，对于设计的定位和要求也会有所不同。所以部分设计公司会存在设计力量薄弱的现实，因此设计操作不规范、设计出品不完善，诸如此类的问题也就不可避免了。

如果设计深度理解不够、设计定位不准确、设计元素运用不恰当、设计图纸不细致、专业人讲外行话、缺少设计说明、设计跟进不够，都会传递给业主或甲方一个不明晰的设计信息。如果个别环节再出现一些失误或错误，那么整个设计导向也将会出现大的偏差。如果设计方不能及时发现或加以纠正，拿着不规范、不完善的设计去糊弄业主或甲方说这就是好的设计，业主或甲方也就被动接受了不规范、不完善的设计，并因此感受不到设计的益处与价值。如此说来，不重视设计会带来多大的危害啊！

所以对于设计者来说，创意可以大胆些、立意可以新颖些、表现手法可以不拘一格，但是设计制作与执行还是要多些严谨、多些规范、多些监督审核。设计操作规范的加强对于设计公司、设计师、业主或甲方都是有益的。

再次，设计的沟通交流应解决问题。一个项目从设计到实施，沟通交流是不可缺少的。一是设计内部的沟通交流，即内部协调。二是设计师与业主或甲方的沟通交流。沟通交流的关键要汇聚共识、找出差异、解决问题。部分企业多于宣传、善于公关、强于营销，在与业主或甲方的设计沟通交流上却多于表面化，时间短、针对性差、发现问题少、解决问题也少，结果导致分歧、疑惑没能解决，改方案、改图纸也就成了家常便饭了。

设计的沟通交流无论采用何种形式、何种方法，如果能做到有共识、显差异、解决问题，设计阐述时间充裕、针对性强，设计脉络也就会更加清晰了。设计的主体以及设计定位将会更加准确，也就会减少"你做的不是我想要的"这种文不对题的现象了。

最后，设计价值的竞争核心是设计思想内涵的提炼与表现。设计的思想内涵是设计师设计构思的凝结，是不可被复制、被替代的。如果把格局划分、造型处理、色彩搭配、设备优化说成是设计的骨骼的话，那么设计的思想内涵就是设计的血肉灵魂。设计的思想内涵有着强大的人文生活、地理、历史、民俗等文化脉络的包容性，设计者对这些从不同角度的挖掘、整理、提炼，会创作出多样的、精彩的、具有感染力设计作品来。

我不是文化学者，也没那么多文化知识来举例。但我相信，只要我们肯于去学习、分析、运用你所掌握的文化知识，用得恰当、表现得让人有所感悟，设计作品的思想内涵一定会有所提高。

我认为价值需要被认可，更加需要清晰、准确、详实地去表达。设计也是一样，需要我们设计者及时、规范、正确、用心地向用户传递设计的价值，让真正需要它的人受益。

写这些文字只想把个人在特定时期的想法记录下来，如果对读者有益那就再好不过了。此中有不完善之处，也希望设计界的朋友一起交流补充。

死去重生　新的启程

赵培元（博客：http://36872.china-designer.com）
现任安徽百视装饰设计有限公司设计总监
国家注册室内装饰设计师

　　这些年我虽从未离开过装饰行业，但设计做得越来越少，主要的精力侧重于施工上了。经过了这些年施工和管理经验的积累，反倒更懂得了设计，更懂得客户的需求了。想想过去像驴子一样，天天为了一个接一个的客户忙个不停，从事着快餐式的家装设计，然而现在，这些设计看来更像是学校里学生的作业，那么幼稚和脱离实际。所以突然有所感悟，如果时间能够倒回，我会怎样去处理、去面对。

如果我培养年轻设计师

　　如果我现在开一家装饰公司，我会首先把那些刚刚从艺术院校毕业的天之骄子们赶到工地上去，让他们至少做3个月的学徒加监理。让他们真正体会到设计与施工的关系，了解工艺后其设计的手法会更多、更开放。而现在很多装饰公司基本上都会把他们圈在办公室里，似乎他们是天生的设计师，然而他们设计的东西，不仅后来会被客户骂，甚至连施工的工人都会骂。

　　其次，我会再让他们做2个月的业务员兼客服工作。为什么？会做业务的人，必然要会读懂客户的心理需求，一个不懂客户想要什么的设计师就像一个不知道病人病因的医生，即使有再高的技艺也会把客户害死。另外，一个没体会过业务员辛苦的设计师，也不会懂得珍惜业务资源。

再次，我会让他们做 2～3 个月的设计师助理，跟着公司最棒的设计师学习，经过接近一年的培训，他们将成长为真正可以击败对手的设计师，真正忠实于公司的良品设计师。

如果我继续从事设计工作

如果我还做设计，我会把我的办公桌搬进我需要设计的房子里，在现场体会房子的灵魂。室内设计不能做拼盘，因为每一套房子都是一个体系，需要整体的设计才能给它以独特的气质，才能让每一个设计元素在这个房子里都那么和谐，让居住其中的人感觉舒心。

如果我还做设计，我会把建材市场、家具和家电市场跑个遍。然后帮客户花钱，帮客户搭配，让设计出来的每一个尺寸在后期搭配时都能吻合，让硬装饰部分的色彩和软配饰部分的色彩浑然天成。

如果我还做设计，我自己不会再制图，但是会要求绘图员把图细致到每一个设计节点、每一处施工尺寸，因为设计水平的高低关键就在于对细节的处理。

如果我还做设计，我可能会经常混迹于酒吧，或徜徉于田野。酒吧给予设计师激情，让心灵在狂放后回归平静，在最嘈杂的环境里，却能感受到最安静最自我的空间；田野，看似平静，却是最能让人思想激荡的地方，灵感在一个又一个的激荡中喷发而出。

如果我从事施工管理工作

如果我从事工程施工管理，我要把复杂的东西简单化。首先就是制定一套"宪法"，使大家有法可依。"宪法"的内容不宜太多，多了工人就糊涂了。也不宜过严，要有可操作性，否则"宪法"

也就失效了。要奖罚分明，只有规定没有相应的奖罚也是会让"宪法"失效的。

其次，我要让管理更加人性化。首先要建立工人档案，了解工人生日、籍贯、当下居住情况等个人及其家庭信息，要给予工人适当关怀。工地上的安全保护措施要齐全。解决好工人吃穿住的问题，对长期在本公司工作的优秀工人要进行不同程度的奖励。再次，就是要勤跑工地。每一个工地都尽量去，即使去不了，至少也要一天打一个电话，因为有很多问题，如果管理者不主动去问，工人是不会告知的，他们会自作主张地做了，或者为了偷懒而少做，造成隐患。

不敢用凤凰涅槃来形容自己，因为我是个小人物。但我却有涅槃之志，希望在设计之路上得以新生，开启新的旅程；更希望这些心得对于即将踏入设计师行列的学子们，以及正在从事设计以及设计管理工作的同行们，能有所帮助。

设 计 随 笔

杨宏波（博客：http：//224260.china-designer.com）
现任河南洛阳智圆行方装饰设计工程有限公司
总经理＆设计总监
全国杰出中青年室内建筑师
高级室内建筑师
高级建筑装饰设计师
高级工艺美术师
中国建筑装饰协会专业会员
中国建筑学会室内设计分会第十五（郑州）专业委员会会员
中国建筑装饰与照明设计师联盟会员

设计是一项饱含了设计者丰富情感的能动性活动，只有对艺术持以纯粹执著和热爱的人才可能在这条道路上越走越远，这是我在这么多年的设计工作中一次次得以验证的结论，也是我自身成长历程中的切身体会。

设计行业现状复杂

随着社会的快速发展，人们精神、物质生活水平明显提高，在社会强烈需求的契机下，建筑装饰行业犹如雨后春笋，发展攻势如火如荼。行业是在短时间内发展起来了，但是基础却并不牢固，相关的管理制度并没有及时地协调跟进，行业里鱼龙混杂，为了能够在短期内谋取暴利，难免存在着暗箱操作、不正当竞争、以次充好等一系列违背职业操守、损害消费者利益的行为和现象，同时一些行业潜规则也是不断地恶性循环，这更是影响了整个行业健康有序的发展，也在无形中毒害、扭曲着那些初出茅庐的年轻设计者对于艺术和个人价值的评判。所以这也同样需要我们清者自清，坚守着内心最初对待设计的那份纯粹追求，坚守着自己的道德底线，以此来抵制糖衣炮弹的侵蚀，做好设计、写好人生。

万变不离　学无止境

十多年前，我作为一名具备一定美术功底的毕业生，通过各种机缘巧合进入了装饰行业，对设计的热爱便从此日益加深，走到今天也早已决定要把毕生的经历和热情付诸设计事业，无怨无悔。如今，通过多年的拼搏与奋斗我已拥有了自己的设计团队，积攒了一定的业绩。在困难重重的设计之路上，我困惑过、失落过、无措过，却从未放弃过，而生活也是公平的，辛勤的耕耘总是会换来相应的收获。

生活处处皆学问，设计源于生活也落脚于生活，生活中的万物都可能是激发设计灵感的元素，这样的例子也不胜枚举。设计理念不能只是一窝蜂地流行，创意与生活要相融。同时，设计与许多领域都是相通的，因此，如果我们报以乐观积极的态度，加之细心的观察、丰富的联想、活跃的思维以及经验的不断累积，那么在进行设计的过程中就能轻而易举地得到源源不断的设计素材。生命不息，学习不止，设计便不会衰竭，具有生活内涵的设计作品才会具有生命力。任何事业的发展进步都离不开学习，艺术设计的学习没有捷径更没有止境，犹如逆水行舟，不进则退。浏览网页、书籍或是实地考察、同行之间有益的交流互动，也都是扩充新知的必要方式，设计要进步就必须推陈出新，必须不断创造新的突破和艺术革新。我始终认为只有具备一定生活阅历和经验、对设计孜孜不倦的人，才可能创造出真正打动人心的作品，故而我也始终会锻炼并保持着敏锐的洞察力，培养一双能够发掘

"美"的眼睛，留心生活中、自然界的点点滴滴，最大限度汲取新的信息，为设计工作创造源动力，使自己在创作过程中"胸中有丘壑，下笔如有神"。

设计人才流动大　管理难

　　一路走来，我也为设计公司工作过、从事过独立设计，通过不懈的学习、实践、积淀，我开始渐渐萌生了创立公司的想法，并且有计划地逐步实施设想，于是，我开始从设计者向管理者的角色转变，目前也组织建立了自己的团队，有了之前以坚忍不拔对战困难险阻的铺垫，这一切的发生倒是显得顺理成章、水到渠成了。只是之前是只需一心钻研设计本领，而当前则又多了一门管理决策的学科需要学习。作为一支年轻的团队，只求个人的发展已经完全无法满足设计集体的进步和运营，团队建设也开始成为攸关事业成败的最核心问题。

　　当前的设计领域中，80后已经长江后浪推前浪，逐渐成为设计洪流中的中坚力量，而一些90后也开始初出茅庐、崭露头角。如何管理这些年轻的设计人才、如何带领年轻的设计队伍，对我也是一个并不熟悉的课题。而我也正在虚心地请教学习一些现代企业的管理良方，一是为了凝聚设计力量，提高团队的核心竞争力，同时，也是希望把自己从事设计行业这些年的心得分享给年轻人，对他们在工作、生活提供有效的引导和有益的帮助。

　　设计人员频繁流动令人深思。设计人员缺乏和流动性大是普遍的问题，也是企业管理者最头痛的事情。对于新一代设计爱好者，年轻就是资本，旺盛的精力和张扬的个性就是他们最有价值的筹码；相反，自以为是和眼高手低也是他们的软肋。年轻时期也正是需要科学塑形和正确引导的黄金时期，因此若要培养人才，使人才为我所用，必须了解其特点，"对症下药"。目前，在年轻人的管理中出现的最明显问题就是80、90后的一代，稳定性较差，跳槽情况频发，较难管理。年轻人思想不成熟、波动较大、判断力弱、易受外界干扰，常常因为强烈的好奇心和好胜心，产生冲动之举，如频繁地跳槽。其实跳槽归根结底是因为供需不调而产生的，要么是企业的发展已经跟不上该年轻人自身的进步速度，要么则是企业提供的工作环境和物质保障达不到跳槽者所需，找到了症结便好开方下药了。于是我开始着手营造一个公平、公正、轻松的工作环境，使设计人员得以健康发展，并适时推出管理和任用人员的有效措施，因人而异，给设计人员建立适合的发展平台，提供一个可以充分施展个人才华的空间。与此同时，企业要提供合理的劳动报酬，解决员工的后顾之忧，使之能够全心全意地服务于设计工作之中。而最重要的还有交流与相互理解，不能忽视对员工素养和职业操守的培养教育，提高设计人员的责任感和道德意识，才能够动之以情、晓之以理，以个人进步促进团队发展，以团队发展带动个人进步，最终达到企业和人才的双赢。

在这个物欲横流、诱惑丛生的社会中，对设计事业的坚持总会遇到瓶颈和方方面面的阻碍，如行业制度不成熟、设计人员水平滞后、公司的运营模式落后、人才的流动管理弱等，但只要秉持追求艺术的信念不动摇，所有的阻碍最终都可以迎刃而解，这份坚定如一簇光亮，为我在探索的迷雾中指行，点亮着前行的路。

设计 · 文化

批判的延续——《现代建筑——一部批判的历史》读书心得

陈琳（博客：http：// 893587.china-designer.com）
现任海南大学三亚学院环艺专业主任
讲师 建筑设计师

很长一段时间我都对《现代建筑——一部批判的历史》这本书很感兴趣，它是由当今在西方享有盛誉的建筑史家及评论家肯尼斯·弗兰姆普敦所著，从 1980 年问世以来便受到广泛赞誉，从而成为该领域的经典之作。但每每看到满篇的密密麻麻的文字几乎没有什么图片时，就没有细细拜读，直到教建筑史的课时才老老实实坐下看。但随着慢慢阅读，我开始能深入并耐心地读下去，尽管有的地方仍然晦涩难懂，但它完全不同于本科教材《外国近现代建筑史》和后来在杂志中涉猎的某个建筑师的著作，后者仅仅让人认识到这些色彩斑斓的主义、流派和个性独特的人物，但对于它们之间本身存在着千丝万缕的联系是困惑不解的。而在这本书中，通过弗兰姆普敦渊博的知识和独辟蹊径的见解，使人仿佛在前现代、现代与后现代建筑之间表面的决裂中，有了穿越时间建筑文化的自动延续性的认识。这是它不同于流俗的最好一面，从而激发了我对建筑史的兴趣，更能增进对建筑创作一些本质问题的理解。

首先我先简要说明文章的内容和层次，以便更好的理解。全书正文共分为三篇：

第一篇题为《文化的发展与先导的技术 1750—1939 年》。开篇就从三个方面明确提出现代主义建筑的产生过程脱离不了文化、技术条件和社会环境的大背景，从而为后面的论述铺陈出一个强有力的基础。而这三个方面在弗兰姆普敦为柯林斯所著的《现代建筑设计思想的演变》一书的英文版序言中也有所体现。[1]

第二篇题为《一部批判的历史 1836—1967 年》，从与书名相同的标题即可看出，这部分显然是作者写作时最用心的重点所在，是全书的正文。这部分采取了平行结构。所有小节的题目都由主题和时间两部分构成。例如"来自乌有乡的新闻：英国 1836—1924 年"。分散的主题使每一小节可独立存在从而使读者能更好地进入阅读和思考，主题后大致有序的时间也让读者对现代建筑的发展有一个整体认识。这也正如作者在前言里开宗明义地提到："我尽可能使本书可以多种方式阅读：既可以按序连续披阅，亦可随意选读一个章节。"[2] 在这一部分的二十七章里，其中有四章的时段延伸到了 20 世纪 60 年代，涉及的主题人物分别是：柯布西耶、密斯、赖特、富勒＋约翰逊＋康。其次有一章写到了 1957 年，主题人物是芬兰人阿尔托。随后就直接缩回到了 1946 年，还是在讲柯布西耶。其他二十一章的年代下限，都环绕着 20 世纪 20～30 年代这个中心，也就是说，第二篇的绝大多数内容，写的都是在以包豪斯为象征的现代主义建筑风格定型之前的那些日子。

第三篇题为《批评性的评价以及向现在的延伸 1925—1991 年》。其实际内容是在讲述国际风格成型以后的自我变异与更新发展，重点放在现代主义建筑被"后"的过程以及迄今为止的发展状况。本书的内容随时间的发展而不断得到扩展，在 1985 年的第二版中，作者把评述延伸到 20 世纪 80 年代初，在 1992 年的第三（修订扩大）版中，又延伸到 20 世纪 90 年代初。在这一版中，他特别增加了三章，分别评述了产品主义和布景建筑、批判的地域主义和"反思"

性实践等几种主要潮流，重点集中在 20 世纪后期芬兰、法国、西班牙和日本四个国家的建筑创作成就上，很有启发性。其中讲到的问题，正是 20 世纪建筑师所面临的几个核心问题：创新与继承；自然与人工；全球与民族（地域）；科技与场所。

但大概是弗兰姆普敦多年授徒的习惯使然，他的文章读起来时刻透露出留给读者们的家庭作业：课下需要恶补的如山堆积的参考读物（书末的文献索引就达 74 页，但可惜中文读者几乎不可能读到其中百分之一）。这样的书，恐怕是现在的学人们写不出来的，也难怪弗兰姆普敦的书虽算得上是经常被人引述的名著，却又和者寥寥。[3] 因此，我觉得运用易中天教授评价于丹老师的《论语心得》的一句话来形容这本书再恰当不过："此书系醇酒一坛，'度数'略高"。

下面我想以读书过程中思考的几个问题作为出发点来对这本书进行探讨：

一、"批判的历史"为题作何解

在 abbs 论坛中有对该书译名的探讨，critical 一词作为 history 的前缀，在文中译为"批判的"历史。有人说译为"评论"的历史更合乎实际，笔者认为在此译为批判是非常合适的。这里的批判我认为在文中包含三个方面：第一，弗兰姆普敦在书中为努力发掘建筑作品本身内涵的精神而展开的多个层次上的批判，这其中有对某件建筑作品的褒贬（如对罗杰斯的蓬皮杜中心的深刻批判）、对某位建筑师或某个创作流派的综合评价，也有对整个建筑创作环境的社会批判。例如他抨击美国在二战后大力推行消费者主义的汽车和郊区文化对建筑的腐蚀影响，赞赏 A·佐尼斯与 L·勒菲弗尔提出的"批判的地域主义"的文化认同。弗兰姆普敦声称自己接受马克思主义的哲学思想以及德国法兰克福学派的批判哲学，正如美国另一位建筑评论家阿达·路易斯·赫克斯塔布尔（Ada.Louise.HuXtable）在评论本书时所说："贯穿始终的、理性的批判能力是其最大的特征……"；第二，用弗兰姆普敦自己在文中的话："建筑学今天要能够作为一种批判性的实践而存在下去，只是在它采取一种「后锋」派的立场时才能做到，……"[2] 很显然，题目所指的批判也是指整个现代建筑史发展的过程是在不停地对前人学习、批判的基础上发展的。这在文中多处都有所体现；第三，这种批判性也体现在某位建筑师对于自己早期作品的批判，这在建筑史中也是很常见的，在文中 307 页"正当十人小组致力于实现多层次的城市之际——实际上是勒·柯布西耶取自艾纳 1910 年提出的设想方案——应当承认史密森夫妇此刻就意识到了它的局限性，以至于他们提供了对自己早期创作的最具批判性的草图，……"[2]

二、对于建筑史的认识

在文章开篇说到这本书激发了我对建筑史的兴趣，那么到底什么是建筑史？而设计者学习它的目的或者意义是什么呢？从读前言开始思考这个问题，随着一章一章的阅读，我发现答案就在其中。

建筑史学是历史学的应用学科中，技术史、艺术史与建筑学三者相交叉形成的学科。在历史研究中，由于客观建筑历史事件的不可往复，史学家的介入必然带着自身的认知结构和当下思考的问题，新黑格尔主义者克罗齐（B.Croce）曾认为一切历史都是当代史。[4]弗兰姆普敦显然意识到了这一点，因此在每一章节开始都有一段引述，选择的原则是使人们理解特定的文化环境，或能概括地启示本章所述的内容。他的意图是尽量让每个学派自己说话，他试图运用这些声音来说明"现代建筑作为一种延续的文化探索的发展方式"，并阐明某些观点如何在历史的某一时刻可能失去其相关性，而在后来的另一时刻又以更重要的价值意义重现。同时这本书也介绍了许多未建成作品，因为在弗兰姆普敦看来，"现代建筑史既涉及建筑本身，也同样涉及人们的思想和论争中的意向。"[2]

而对于学习建筑史的目的：贺陈词教授（曾任成功大学建筑系主任）在他译注的近代建筑史①（台湾 1984 年出版的译本）自

序中明白地说道："就建筑而言，不勤读永远只是图抄者，算不得真正的设计者。勤读的作用在建立观念，在开发思想的泉源，在灵台清明，此之谓潜力。靠着潜力雄厚，才能在图桌上运用自如，举重若轻。"他又说："重现实而轻理念，绝非学问之道，且注定只能在图桌上做惟妙惟肖的效颦"，讲得相当清楚，学习建筑史的目的就是要了解前人观念，从而要建立自己观念。这在本书中也有相当多的实例，像菲利普·约翰逊的玻璃住宅就是受密斯所作范斯沃斯住宅草图的启发，却有意识地脱离了密斯对表现结构逻辑的关注。

三、现代建筑史 = 西方建筑史？

在弗兰姆普敦的《现代建筑：一部批判的历史》中很明显主要以西方建筑史为主（其中也提到了日本），而中国是不存在的，有人说这也算是此书的瑕疵了。我感觉我们不必苛求弗兰姆普敦，因为他是在现代主义建筑的原发地研究它的发生史。

在这里我想借用张钦楠在《20 世纪世界建筑精品集锦》编后感中说的话来表达我的想法，他引述了奥地利一位 80 高龄建筑师 P·雷纳在访问中国后写的一段话："此时此刻，我们会发现有意义的是在三至四千年中，竟有几亿人一直在一个相对小的面积中过着有修养的生活——他们的世界不是用机器而是用花园构筑的。""我在翻译此稿时读到这一段话，不禁感慨万千。当我把感受告诉弗教授后，他在终稿中加了几个字：'就像雷纳在中国走向目前的现代化之前，在他 1973 年所写的……'。"[5]

这个插曲向我们又一次提出了一个不甚新鲜，但未能解答的问题：为什么我们往往视别人赞美的价值为"非价值"，而又把别人视为"非价值"者视为"价值"呢？在 20 世纪 80 年代时，相形于身边颓败晦暗的城市景象，面对着如潮涌来的西方建筑的新局面，我们不得不瞠目结舌五体投地，继而发愤研习生吞活剥，而在本土建筑界已然彻底接受西化走过了漫漫二十年的引进之路以后，如果能通过阅读这本书，对于我们正在效仿着的西方现代建筑及当代建筑，激发我们对其根本发生原理和内在逻辑的研究和认识，那么也就达到目的了。

注释：

①这本书的译本老版是依据 1980 版（首版）由原山（张钦楠的笔名）译，新版依据 1992 版（第 3 版）；内容基本没变化。另外文字差别比较大的是台湾的一个译本，书名为《近代建筑史》，由贺陈词（成大建筑系主任）翻译。

参考文献

[1] 肯尼斯·弗莱姆普敦著．张钦楠等译．现代建筑：一部批判的历史．北京：三联书店，2004．

[2] 彼得·柯林斯著．英若聪译．现代建筑设计思想的演变．北京：中国建筑工业出版社，2003．

[3] 林鹤．我拿什么奉献给你．阅读网．（中文书评资料库）．

[4] 彭怒．关于建筑历史、历史学理论中几个基本问题的思考．建筑学报，2002.06：54-56．

[5] 张钦楠．《20 世纪世界建筑精品集锦》编后感．建筑学报，2000.05：56-61．

探讨江南新中式风格文化意境篇一：
晨露抚琴

朱平（博客：http://37948.china-designer.com）
现任（中外合资）上海筑墨酒店设计公司执行
总裁
高级室内设计师
高级室内建筑师
中国风水周易研究会上海分会会员

　　几位设计界的朋友们聚在一起总离不开絮絮叨叨各自的感慨、伤怀，抱怨现今六道寥寥、国技无良。其实这也是国家发展到一定阶段会产生的现象，投资人和民众的现实主义总是不能和有弘扬中华文化心情的理想主义设计师们契合，这只能期待一步一步水到渠成，硬逼不来。唯有自我努力，才是正道。

　　中华文化包罗万象，南北风格迥异。什么才是最能体现我民族千年精髓的事物？我是南（方）人，站在南（方）人的角度窃以为是：意境。

　　意境是一个极度模糊的概念。文学、绘画、诗歌等六道中唯有空间场景布置最难做到，这点设计师朋友们自有体会。现今世界是一个快节奏、多元信息化、数据化世界，很多灿烂的中华文化也只能被应试教育出来的我们抛弃，或者有选择性的遗忘。就算想再创造一个苏州园林，那也只是重复再重复祖辈的，或言之：复制大师。您说呢？

　　试试能不能在古人面前弄点小斧，博人一笑呢？

2003 年底我在日本大阪市郊，承接了一个小型私家酒店的设计。四间雅室，仅供某政治要人私密使用。投资人对酒店设计的要求很简单：四季之醇。注解为人生从未有过的现代居住体验，但是又能激起怀旧般的回忆。

这其实是一个比较难的命题，如果仅仅依靠硬性的风格装饰等凑数，则难以实现投资人的愿望。

在几位同仁方案被驳回的情况下，我提供了一套构想意见。其中在"春之醇"和"夏之醇"客房室外建筑中，我设计了这样一组场景：

根据前往现场勘查的结果，当地的湿度较大，因三面环丘，雾气久驻不散，植被也很丰富。从凌晨 3 点到早晨 7 点时间段，露气积水在附近的叶片上呈现上万个晶莹的水珠，并且不断地滴落在地面腐败的叶泥之上，呈现一种连续不断的闷响声。而设计的卧室就处在这片茂林之下。

这使我想起了幼年时期的一件事，当时我全家住在苏俄时期援建的老房子里，因为建筑年代久远（或者施工时遗留的问题），一些钢筋已经暴露出来，一到阴雨天，雨水击打在房体和钢筋上产生出巨大汹涌的共鸣声。突然有一天午睡的时候，聆听到一阵悦耳轻柔的叮咚敲击琴声，我开窗仔细寻觅，才发现时为大雨过后残余水珠顺着屋檐而下，恰好滴落在几根铁片型钢筋上发出的声响。这些铁片长短不一，发出的声音也不同。最妙的是这些铁片都紧紧固定在墙面并且焊联到室内的另一根钢管上……于是一个大自然偶然做的曲目就这么诞生了。

于是根据这些往时的记忆，我将建筑顶棚设计成某种坡度，将每天在茂林出现的一部分露珠收集到一个集露槽中（必须计算准确的露水流量大小，太大太小都达不到"抚琴天音"的力度），每一个槽体内部都有达到一定时间段和积蓄度的导流管。根据实地试验，这些导流管将露水准确固定在早晨的 7 点、8 点、9 点等不同时段，滴落在设计好的固定在建筑外观的不锈钢簧片上。在当地有名的钢琴调音师的帮助下，将簧片的数量和长度都确定在一定范围，以保证不同的天籁音质（春之醇客房的簧片是一种特殊木制的笛管，可以发出另一种淳朴的音乐）。

可以想象一下客人的感觉：酣未晨醒，轻轻丝簧入耳，那是晨露催促。半醉星目，静静小丘深雾，窗前琉璃悠忽。

雕虫小技尔。

设计·教育

关于酒店设计的观念与思考

王奕（博客：http：// 244793.china-designer.com）
北京三似五酒店顾问有限公司董事长＆总设计师
香港王奕建筑与设计有限公司董事长＆总建筑师
酒店研究与设计专家
清华大学＆北京大学酒店设计和旅游地产等高级专业课程 客座讲师

观念

　　大家知道这20多年来中国经济发展非常之快，中国的建筑和设计市场也随之高速的发展。回忆起我们刚刚从大学毕业的时候，还有刚开始在大学教书的时候，曾经有过一阵思想上的矛盾，是立刻到社会上去闯荡，还是在学校里再沉淀积累一段时间、再教教书呢？我记得20世纪80年代中国的设计市场几乎是一片空白，的确是一片空白，后来我在学校里又教了8年书，之后就是所谓的"下海"，做艺术品公司，然后做设计公司。这么多年来，作为一个设计从业者，最大的体会就是中国市场的设计业发展得太快了，快得来不及思考，来不及自我修养。中国建筑装饰协会大概有十多万的会员遍布全国各地，中国建筑与室内设计师网也有（全国）20多万设计师会员，这是非常可观的数量，任何其他国家地区都不可相比。在中国特有的市场浪潮中，我们的年轻建筑师和设计师们随波逐流、快速成长，获得了数量和速度上的成功，代价是质量和思考的缺失。

我和 345 酒店设计公司（下文简称 345）大家都很熟悉了，我们专门做酒店设计，其他的事不做。345 酒店设计是 1998 年 1 月正式成立的，到现在已经 13 年多了。近 13 年来我们做了 300 多家酒店项目的设计，做这么多的项目，这个数字值得骄傲吗？现在反过来想有点可怕，有时甚至自责。

这么说大家可能觉得有点奇怪，但是说老实话很多作品自己并不太满意，有的是很不满意，有的是一时满意过后不满意，有的是过去满意现在看怎么也不满意。不过相信大家都会有同感，现在有些人家夸你做得很好的设计，自己却都不想回去看，回去看都觉得惨不忍睹。当然这是人的修养在不断充实，思想在不断进步，整个社会的审美潮流和设计品位也在发展等很多原因，有市场的原因、客户的原因，也有我们自己历练不够的原因，还有我们又继续成长的原因。

比如说有时客户突然很集中，同时三四个不小的项目来找你做，每个客户都特别着急，有的时候就等在公司的门口，外面会等很多人，急着跟你追问要图纸。这种情况就会使人头脑发热，使我们跟着市场敲打出来的不正常节奏被动起舞。市场需求很大，项目密度又高，在这种情况下有些设计就变成快餐产品，甚至跟客人说："图纸你要的这么快就别要太细，否则我 2 个月内不可能给你完成。"客户说：好，只要做出来就行。结果很高兴，钱也收了，图也交了。我们都是先付款后设计，自己又没有风险，又把设计工作在人家要求的时间内完成了，似乎皆大欢喜。但是好吗？一点也不好。因为这么短的时间里根本没有充分思考和创作的可能，没有细致推敲的时间，只有"干活"的时间，我们把这种事当成一种活在做，因为时间不够、设计的含金量就大大减少了，有些甚至做得很通俗。通俗的意思就是说大家都是东抄西借，互相克隆，看到好的设计师的作品马上就照做。我们从美国学了很多、从香港也学了不少，这些年从欧洲也学了很多，把别人一些现成的设计式样、一些非常具体的风格手法搬到自己的作品里来"快递"给客户，结果变成了生产作品而不是设计作品，这样一来就完全忽略了设计者的责任。说老实话在过去的很多年当中，基本上没有什么时间来想责任的问题，两年前因为经济危机多少对我们也有些影响，我曾说过我们要停两个月什么事都不做好好想一想345到底该怎么做？设计师到底该承担什么责任？对社会、对历史、对中国、对所有你做了酒店项目的城市，以及对你设计的那些酒店都应该承担什么责任？

回顾一下 30 年前，当我们还是学生的时候，20 世纪初德国包豪斯的思想曾经那么让人迷恋，他们把传统的艺术审美习惯全部抛弃，思想完全创新，这种创新不是为个人作品创新，而是为整个时代创新。当然他们有很多的思想：功能第一、技术第一，少就是多等等。那个时候设计师就是思想家，设计师就是革命者，设计师本人就是直接实现这个设计的工程师，思想和技术完全结合在一起。后来，20 世纪 50 年代后现代主义建筑在美国遍地开花，我们不用详细地回顾历史，但是大家知道现代主义那些方盒子式的干净整齐的建筑，一下子让整个城市和社会的发展速度加快了、形式简单了、楼建得快了，这个国家可以建，那个国家也可以建，这个城市可以建，那个城市也可以建，大量标准化的建筑产生了，速度和效率大大提高。当然也带来了一些问题，出现了过于简单、过于单一功能化和缺少人性关注的倾向。但是这个阶段不管它有多少优点和缺点，它还是有鲜明的思想：后现代主义反对现代主义的纯粹性，但同时也接受现代主义的某些风格融汇其中。在后现代主义艺术与建筑思想盛行的时期，所有的风格完全被包容、接纳，变成了一个百花齐放的时代。我认为后现代主义的设计思想直到今天还在发挥着作用，尤其还在当代设计师的创作意念上发挥着影响，各种各样的风格、手法，各种各样的文化语言和地域背景都可以在设计中进行体现，予以表达。其实大家都能感受到，当代设计的人性化和市场化就是在后现代主义兼收并蓄的思想的推动之中得到了最完美的、最大程度的体现。

思考

今天，我们该做什么呢？古典主义的精髓早就被遗忘了，人们只是从中剥取一些华丽的皮毛；从 Classic 到现代主义，再到后现代主义，还有后来的新古典主义……现在，连新古典主义也慢慢离开舞台了，那我们现在设计的是什么呢？全世界都说是"当代设计"。你看，今天我们是现在这个社会和这个社会所承载的文化的缔造者之一，我们是建筑师和设计师，我们再没有那些主义的束缚了，你做任何项目都不会有人批判你，不会有人说你这不对那不对，不仅没有"主义"的束缚，人们还会期待设计的出位和邀宠。于是，我们通过设计创造并展现着当代的物质财富和精神风采，为了社会繁荣同时也为了自己快乐，其实还要为历史。

当代设计的主要思想潮流和创作实践从何而来呢？我觉得第一个是美国，第二个是欧洲，第三个是近十多年以来的亚洲，这是三个大的板块。

美国设计追求丰富、豪华，多样化、多元化，越多、越挤、越丰富越好。然后是高度的标准化，精密和全面的可复制性，强大的可繁殖能力。

欧洲不一样，我们看到现代欧洲设计师的作品，尤其走遍中欧和南欧，欧洲国家在现代酒店设计上追求创造性和个性化，坚决不搞复制，只有古典风格的酒店除外。这是因为老欧洲都要保护环境、爱护历史，不许在城市里建设高高大大的楼，那些老楼房只适合改成小酒店，于是个性化的、创作型的设计正好适得其所，遍地开花。可这些高度个性化的设计能应用在大型酒店里吗？当然能，但必须也只能放在酒店其中的一个局部里，比如设计一个个性张扬的主题酒吧。

在亚洲，东南亚地区的高湿度和温度，使人经常会在户外活动，习惯了轻松和自然。所以东南亚的设计风格因地而生，从泰国到印度尼西亚、新加坡、马来西亚，自成一体、轻松、开放，全部或者多数都是度假村风格，哪怕这个酒店是建在城市里的也要追求度假村风格，称为都市度假酒店。

　　这三大板块给我们带来的设计文化的影响确实很多很多。除了这三个主要的板块之外，各个不同的地区还有自己独特的风格，从它自身的地区文化衍生出来。如日本、地中海国家、夏威夷、北欧、南美，不同的地区都有不同的自然风光，有不同的历史文化，不同的风土人情，于是就有不同的设计风格，这些风格我们也可以学习、也可以用。但是我们中国这么大的一个广阔的设计市场，这么大的一个设计需求，我们给客户提供什么呢？我们自己的风格在哪？

　　现在，中国的风格实际上被外国人演绎了，比如中国电影里表现的中国风格也是外国人描述出来的，一些特别"中国"的作品实际上出自外国人的概念，比如好莱坞的《功夫熊猫》。好不好？也许很好，我们的东西被别人提炼了，他们把我们风格当中最值得归纳和最容易看懂的东西拿出来结合在一起，叫做中国风格。但是我们自己在做大型酒店整体设计的时候，在做酒店内一个餐厅的局部设计的时候，或者在做客房设计的时候，我建议大家理一理：我们可以参考一点美国的豪华设计秀吗？可以学一点欧洲的个性化创造吗？可以要一些日本的干净简洁和清静吗？或者，再来一点东南亚设计中的开放空间和自然元素。我们需要知道如何汲取精华，需要掌握怎样搭配应用、融会贯通。

　　所以设计师的个人风格不会是偶然的，你一定有自己的生活与文化背景，一定要依托于自己的修养，你一定有你喜爱的东西，你想想你心底里喜爱的东西是什么？它的文化依托又是什么？我们被现在这个华丽社会带动着、诱惑着、激励着，世界如此之小，城市如此繁华，酒店如此多情，迷惑的不仅是客人，还有设计师。

　　回到前面的主题，酒店设计者需要思考些什么吗？需要承担一些什么责任呢？我提出几个问题：

　　比如说除了城市需要的亮丽形象之外，我们需要为城市长久而周密的健康规划真的负责吗？因为我们公司也做了不少规划项目，就是含有酒店的总规划建筑方案项目，有的时候涉及城市命脉，这里面可能有一两个酒店和一片建筑，那么我们在做城市规划的时候设计师不要对城市的整体生命负责任吗？应该要，要千方百计地实现对交通、环境、城市形象各个方面的责任。

比如说除了表演标新立异之外，我们需要为建筑的浪费现象、碳排放以及运行成本控制真的负责吗？尤其是酒店设计，我们在描述一个漂亮外表的时候，我们要不要为酒店未来的成本负责任，为未来造成的浪费和长期能源负担负责任？一个真正的酒店设计师实际上是要设计酒店的生命，这些方面应该放在很重要的位置上来考虑。

比如说在我国，大家知道设计的强制性标准有两个，一个是结构、一个是消防，都是安全指标，而不是健康和生命发展指标。那我们需要为建筑的文化价值和所有实用功能负责吗？因为实用功能说起来太多太多了，要不要做功课？要不要给业主剖析这些内容，告诉他要注意、规避这个风险选择？要不要负责任？要！

比如除了美丽的装修外表，我们需要为酒店未来的经营命运和长期发展负责吗？好的建筑师、规划者、策划者、设计师，实际上是要对设计、建设的酒店10年、20年，甚至30年以后的价值负责的。也许现在觉得好像有点难，但这个题目还是非常值得我们关注的。

再比如除了提供设计成果之外，我们需要为这个设计产生的社会影响和美学效果负责吗？我们做出一个楼盘、一个餐厅、一个酒店大堂，要带给使用者美感，然后他由此受到教育、得到感悟、喜爱和愉悦。设计师要实现这个目标，要为此而努力。不是单纯的自我欣赏，一定要让使用者同样欣赏、同样感悟，同样能够在美中体验和陶冶。

我们需要为人们使用设计之后是否快乐和舒适负责，这个标准并不高，实际上这是非常值得追求的标准，尤其是室内设计。当然其他的内容，包括建筑设计、景观设计、照明设计等，都需要追求快乐和舒适这样一个最基本的目标。

还有，我们需要为由于自己的设计考虑不周给客户造成的损失而负责吗？在设计之前要不要这样想？我们做了这么多年，实际上经验和教训是一半一半，关键是你怎么认识教训这个问题，如果你不把它当成教训，做过就忘了，那当然是没办法。但实际上我们也看到很多客户的酸甜苦辣，看到他们的经历、经验和教训。

甚至我们还需要为个人的技术成长、设计修养、创作格调和潜在的文化取向自我负责。你也要想一想你是建筑师，你是设计师，你给社会提供一个作品，自己要成长应该向什么方向成长，自己要高雅怎么才能变得高雅，自己要成为一个对历史负责的设计者，怎么才能变成这样的人？其实，通过每一个作品、每一个设计都可以实现这样的追求。

今天，经济呼唤发展，媒体争抢亮点，设计力求创新，造就了当代设计的繁荣。同时，世界呼唤和谐、社会需要公平、自然资源急需保护、城市和建筑的生存成本必须控制，人更加需要快乐、和谐与幸福。所以，设计者的责任是二元性的，我们一方面单纯地创造繁华和享乐，另一方面我们还要思考和负责任。

在今天这个二元化的既分裂又相融的社会发展过程中，酒店建筑师和设计师将担起历史的责任，我想以后的设计应该更着眼于简约艺术的主题、环保与发展的主题、美和生命的主题以及创作与责任的主题。

漫谈意大利艺术设计教育

李沙（博客：http://264820.china-designer.com）
北方工业大学艺术学院教授 & 硕士生导师
中国建筑装饰协会设计委员会副主任委员
中国建筑学会室内设计分会理事
中国美术家协会环境设计艺术委员会委员
全国有成就资深室内建筑师

意大利这座神奇的半岛，或许是因其古罗马时代的恢宏以及文艺复兴时代的灿烂，至今仍充满了艺术魅力。这种深厚的艺术积淀随着时代的发展，无时无刻地渗透到艺术的各个领域，包括造型艺术、表演艺术和艺术设计等。那么，何以使意大利艺术设计绽放出灿烂的艺术光辉？了解其培育当代设计师的土壤，从而了解他们的设计教育发展，这对我们所面临的艺术设计教育改革，无疑将具有积极的意义。

当代艺术设计教育不仅仅是传统意义上的造型与表现的技法训练，更是一个开发智慧、培养设计综合能力的复杂系统工程。除掌握技法外，更重要的是心力的培养。前者传授的是显性知识，后者培养的则是隐性的能力，必须熟知艺术设计发展的历史，从而培养欣赏艺术的趣味和对真善美的洞察力。

在饱尝战争之苦以后，现代设计在意大利扮演着举足轻重的角色。20 世纪 40 年代末，意大利设计还完全是为了满足人民生活需要的功能主义的大批量产品；进入 20 世纪 50 年代，开始实施

"实用加美观"的设计原则。"艺术的生产"成为意大利设计师的新口号，从而形成了"设计引导型生产方式"，使意大利的设计和生产形成了良性循环。这种生产方式既肯定了设计师的才能，又提高了整个国民的生活质量；从 20 世纪 60 年代开始，意大利设计进入高峰时期，即所谓的"意大利经济奇迹"时期。其美学观点替代了以前在国际上获得成功的斯堪的纳维亚风格，成为了国际市场上的佼佼者。这一从繁荣到反叛的时期，设计作品数量激增，从而使标准化生产成为达到这一目的最有效方法。标准化生产必须在美学要求的多样化和个性化之间达到平衡，设计成为实现这一平衡的重要手段。无与伦比的设计水平，使意大利产品具有吸引力，这也是其能够在国际市场上占据重要位置的主要原因；20 世纪 70 年代，名为"意大利设计新风貌"的展览在美国现代艺术博物馆展出，从此确立了意大利设计的国际性地位；20 世纪 80 年代，意大利的孟菲斯设计小组以其强烈的反现代设计作品开启了后现代主义设计的篇章。

辉煌的成功设计光环下，其隐性因素往往被人所忽视，所谓隐性因素包括深厚的艺术底蕴和渗透进设计师灵魂中的文化积淀，以及对传统文化的尊重、对人性的关爱。毋庸置疑，经济与科技的发展会直接干预设计观念以及产品的生产方式。但艺术设计具有强烈的超前性和预测性，它是从实现社会的功能领域上升到思想境界的审美领域。意大利的艺术设计经历过了辉煌的历程，令本国的艺术设计教育具备良好的基础，也使其发展有根可循、有据可依。由于受到包豪斯现代设计思想的洗礼，其艺术设计从古典主义顺利过渡到现代主义。这种历史上的延续性，未表现出明显的文化断层，从而为设计教育的进一步发展奠定了基础。

一、现代主义设计的力量

包豪斯的教育实践对于整个西方现代设计教育具有里程碑的意义，它的教育理念、教育模式以及与社会生活、时代进步的联系，使现代设计教育步入了全新的轨道。包豪斯教育理念与模式包括以下几个方面：

1. 显性知识与隐性知识

现代主义设计先驱格罗庇乌斯的设计教育思想，亦可理解为"可说不可说"。"自然科学的命题属于显性的；生命、伦理、情感、宗教、激情、想象、则是隐性的。"就后者而言，只能陶冶，而不能通过科学的计算证明。如前所述，艺术设计教育不仅仅是技法的传授，更重要的是艺术修养、艺术鉴赏能力的培养。

2. 综合性艺术设计观念

现代艺术设计的分类，既强调专业化，又重视其间的内在联系与贯通。那种学科化、学院化的行业封闭形式，不仅违背经典的艺术原则，也违背生活和艺术的规律。综合性的艺术设计观念对当代设计教育颇有启迪意义。无论是音乐或舞蹈，平面造型或空间造型，尽管其外在形式各异，但其核心却都追求真善美，并通过不同的手段达到对人性的关爱。这岂不是文艺复兴时代人文主义思想的再现？

3. 工作室教学

实现工艺和艺术的合作，实际上是理论教育与创作实践相结合的一个可靠途径，艺术设计不仅仅是被束之高阁的欣赏对象，更是人类生产劳动的一部分。因而，艺术设计课程的设置应科学合理地体现出上述理念。经过一段学习材料和设计基础课程后，进入专业技术课教学阶段。最终则是综合教学阶段，学习建筑结构和设计理论，期满授予"建筑师"证书。

包豪斯的这些教育理念与模式渗透到意大利的艺术设计教育领域，促进了其发展。特别是在实践教学方面，意大利的艺术设计教学将工作室制度纳入到学生的日常课程中，同时善于结合相关姊妹艺术专业，使学生在学科交叉中潜移默化地提升了综合性艺术素养。不仅通过实践教学巩固了学生的专业知识，也陶冶了学生的艺术境界，拓展了学生的艺术视野。因为艺术的诸多门类往往是相通的，在艺术的融会贯通中，激发起学生的创造能力，令艺术设计作品内涵丰富、形式饱满。

然而，受片面功能主义的影响，在那钢与玻璃的时代，不仅艺术观念、风格、语言被复制，思想和行为也被复制。这是包豪斯的一个负面影响。在继承优秀传统时，如何避开它的负面影响呢？

二、传统文化的新生

艺术设计的灵魂与本质在于创新，创新的重要途径是对传统文化的传承和超越。意大利的高等艺术设计教育把"创新传统文化教育"摆在重要位置上，设计是属于艺术的，也是属于科学的，更是属于创新文化的。它是艺术、科学与创新文化的和谐统一。格罗庇乌斯曾经说过："真正的传统是不断前进的产物，它的本质是运动的，不是静止的，传统应该推进人们不断前进。"

20世纪五六十年代，西方社会经济繁荣、科技发展迅速，千篇一律的功能主义设计面临着严峻挑战。室内设计师则要把现代生活需求与文化意识相结合，把功能的合理性、材料的特点和个性化的艺术创造相结合，使设计产品呈现得不仅仅是功能价值，更是文化价值。

意大利经历了文艺复兴时期的辉煌，留下了诸多不朽的艺术杰作。悠久的历史和文化使设计师对于美和造型有着敏锐的感觉，优美的自然风光和地理位置激发了设计师的灵感和创造力。这一切都为艺术设计教育储备了丰富的设计资源，孕育了浓郁的文化底蕴。

优秀的传统文化，为艺术设计教育提供了一条合理有效的途径。因为文化本身的积淀性、扬弃性，完全不同于科技的革命性和创新性。科技以不断推陈出新而发展前进，而文化却不能完全丢掉自己的历史和传统。相反，它会步步寻根，不断返回本源去发现生活的意义。

艺术设计教育应该努力培养学生正面的文化心态，运用选择的眼光将传统文化与创新科技巧妙结合，这样的设计作品才具有生命力。在设计教育中，学生的文化心态又是怎样呢？它可以分为三个层次：首先是文化情调层面，这是一种文化趣味，是设计中最为感性直观、最为表层的要素；其次是文化心理层面，这是一种不定型的自发文化意识，以感性为主，但交织着一定的理性；最后是文化精神层面，它已经上升到理性的高度，成为整个民族、社会的精神支柱和不断发展的能力。

综上所述，传统文化是更新设计专业教学理念与教学内容的一个重要突破口。

三、意大利现代艺术设计教育实例

优秀的设计团队对于艺术设计的发展潮流具有强势的引导作用。一个艺术设计专业教师同时有可能也是一位出色的室内设计师。正是因其具备综合性能力，使艺术设计教育的发展紧随潮流，从而培育出大批新生代设计师。他们具备丰富的想象力，被古老的文化熏陶，可在过去和未来之间更好地协调。

通过对欧洲设计学院（Istituto Europeo di Design）的实地考察，我领略了其艺术设计教育的特色与魅力。

总部设在米兰的欧洲设计学院中包括室内设计、平面设计、动画设计、服装设计等专业，虽然专业方向各有特点，但相互之间的协作与互动却异常活跃。其师资构成中，外聘的社会上有影响力的设计师占主流，本校全职的教师则占少数。即使是本校教师，同时也兼任设计师的社会责任。教师身份与设计师身份的并存，无疑对实践教学有着非同寻常的意义。

在设计课程设置方面，强调实战性，学生接受设计基本功训练之后，会在课程中安排室内设计项目和展示设计项目。我们见到了不少这方面的优秀设计作业及模型。例如大众汽车展示空间设计的作业模型。

作为主体的专业师资队伍则与设计师实现了完美的融合。从课程的教学目标及教学手段上不难发现，具备前沿设计理念的设计师们独特的教学思路。他们在工作室中言传身教，甚至能赋予金属或纤维艺术灵性，他们培养学生对生活的体验和感悟，从中发掘人们生活背后的隐性需求，因而塑造出具有敏锐观察力和创造力的设计师后备力量。由此为室内设计等领域源源不断地注入新鲜血液，使设计教育具有活力和生命力。这一鲜明的教学特色恰与我国多数学校的艺术设计教学观念形成了对比。

关于教学方法，意大利的艺术设计教育重视培养学生的团队协作精神。在教师的指导下，学生以团队为单位进行设计项目训练。值得注意的是，其团队中除了室内设计专业学生之外，还有平面设计专业、媒体专业和服装设计等专业的同学共同协作，各发挥其专业优势，完成全套毕业设计项目。因此，毕业生的收获不仅限于本专业，更在战略协作与综合设计上得到了锻炼，这些正是我们所应该借鉴的。

四、结论

在现代主义设计教育思想引领下，意大利将传统文化创造性地融入艺术设计教育中，特别注重形式背后的隐性知识的培养，让设计带给人们更多惊喜以及全方位的美妙体验。呈现了多姿多彩、具有发展潜力的艺术设计教育模式。这是值得我们深入研究的课题。并以此反思国内艺术设计教育的现状。大学扩招后，教师整天忙于教学，很少有时间对于教学方法进行研究和改进，而是急功近利，热衷于追求所谓精品课的层次、编制精品教材的数量，从而忽视了设计是对人性深层次的关怀以及对艺术美的追求。所以，学生的人文素养得不到质的提高，设计教育多停留于显性知识型传授。学生则缺乏团队协作精神，设计缺乏市场竞争力，实践训练不充分，导致学生动手能力较弱。

笔者认为：我们的艺术设计教育若是只关注教科书上显性知识的传授和那张所谓的文凭，即使扩招再多的大学生，也未必能增强国家的竞争力。而意大利艺术设计教育的诸多经验值得我们借鉴，并进行有选择地尝试与探索。

参考文献

[1] 王莹，赵婷婷 . 意大利风格 . 沈阳，辽宁科学技术出版社，2009.

[2] 李森 . 艺术设计教育文集 . 昆明：云南大学出版社，2008.

[3] 梁梅 . 意大利设计 . 成都：四川人民出版社，2000.

[4] Daab Gmbh. Italian Design.London，2008.

[5] Editrice Progresso. Zoom on Italy.Milano，2007.

推倒"中央美术学院的墙"

徐仲偶（博客：http：//360912.china-designer.com）
现任中央美术学院城市设计学院副院长 & 硕士
生导师
多所国内知名院校艺术专业客座教授
中国版画家协会会员 中国工艺美术家协会会员
中国美术家协会会员
四川美协版画艺委会副主任

本文为暨 China-Designer 第三届全国高校空间设计大赛开幕
式的讲话。

设计圈是一个大家庭

China-Designer 主办的全国高校空间设计大赛，给我最
大的感受就是我们是一个家，不是单独的高校、单独的设计师、
单独的赞助商。俗话说孤木不成林，凡是以自我为中心的、缺
乏与外界沟通的，无论是公司、组织或个人，都不能得到很快
的发展。

在这个开幕式会场里面，有我们设计界的未来，今天这个活
动和我们以前所做的事情，都是为了未来，教育的根本意义也是
为了未来。这个环境给人的感觉是一家人在商量未来的事，我非
常高兴看见我们的前辈也都聚在一起，同时也非常感谢中国建筑
与室内设计师网组织这么好的比赛，这是非常不容易的事。

传什么道？授什么业？解什么惑？弄清先后关系才能教书育人。

第一，大学教育的根本是人文教育，中央美术学院的传统就是人文教育。人文就是人类文化中的先进部分和核心部分，简而言之，人文，即重视人的文化。这就是设计教育的基础，是根性教育。你看小孩子生下来，父母教他什么？不能撒谎、爱老敬老，这就是人文教育。培养大师首先就是人文教育，人文教育是第一教育。

第二，我们做设计师不是一件简单的事，设计师和艺术家都是一生跟自己过不去的人，过的去就不是设计师了。你设计的是什么东西，怎么设计，要达到什么样的状态？我的学生毕业让我给他写一句话，我写的是"设计师和艺术家的生命就是躬身待人，诚恳做事。"但是我们往往出现一个问题，就是艺术家自以为是，觉得自己高高在上，我做的设计别人看不懂，是因为别人没有达到这个层次。但这样是不对的，设计首先表达的是一种理想的情怀，我们大家都知道，历史上凡是有作为的人都是带着理想生活的人，没有理想的人是做不成事的，这样的人就连教导他都会很困难，我们每一个成功的人都是朝着理想、走过了艰难的。

第三，是要有历史的坐标。有位老先生说过，他的老师就要求他了解历史、认识历史，没有历史的坐标，我们就不知道自己今天的位置，不知道今天怎么出发，不知道我们该做什么事。所以我在大学对我们学生的要求，就是要学习中国史、西方史、宗教史以及其他有关的历史。

第四，才是高端的专业理论和实践能力。我现在要求我们学校的老师不能办公司，老师要是办公司还能专一的教学么？但是老师需要到企业去做首席设计师。如果自己办公司，就会处理很多其他繁杂工作，包括财务等。这时你就没有时间与精力去好好教学了。但是到工厂去，帮企业解决问题则不同，企业需要首席设计师，你只要把设计这一部分弄好就可以了。不懂设计的话就不要当老师，你干哪行就一定要懂哪行，哪个地方能够让你成为专家，我就会支持你去。不是人人都可以当老师的，老师需要把很复杂的东西用很简单的方法说清楚，你说不清楚怎么授业？我在学校做行政工作时，早晨 7 点半开始穿正装工作，但我要凌晨 4 点半就起来做我的艺术，晚上 12 点以前我是不会睡觉的。我在这个年龄仍然比年轻人花费在学术上的时间多得多。

对年轻人的寄语：30 岁前不要谈生，只谈死！

我跟年轻人谈一个观点，30 岁前不要谈生，只谈死。只要你敢死，你就一定能活过来；如果你不敢死，你就永远活不过来。30 岁以前就开始讲条件，问老板拿多少钱给我，这是不对的，30 岁前没有待遇，只能是拼命做你该做的每一件事情。

所以我经常讲一句话，我在很多企业里也讲这句话："向老板致敬！"每一个老板背后都是一部血泪史，每一个老板背后都是承受着很大的压力，每一个老板都是在极不规范的状态下走向辉煌的，是受苦出来的。所以我们讲，年轻的孩子们一定要坚持一生躬身待人，诚恳做事。

推倒"中央美术学院的墙"，柏林墙不止一座

我现在在中美美院城市设计学院主管教学，主管这个学院的整体发展，我提出一个口号，叫"推倒中央美术学院的墙"，把中央美术学院的墙推了，不要了，意思是希望高校不要保守不要固步自封，不仅要走出去，也要让外面的力量走进来。详细说，我提倡老师要有 50% 是学校编制的，还有 50% 要外聘。

而在这个全国高校空间设计大赛中，我看到主办方专门设置了实战导师，这一点令我非常高兴。有些事情不是仅用想法就可以推动的，我清楚要办活动需要有人站出来支持你。在这里我也要表达我的一个态度，我们会全力支持，也祝愿这个大赛会越办越好！

谈室内设计创意人才的养成

黄小石（博客：http：//202628.China-Designer.com）
《当代设计》出版人兼名誉总编辑
室内设计师、作家、大学教授、地产营销策划人
曾获颁台湾最佳杂志金鼎奖
中国室内装饰行业贡献奖
年度设计传播奖
年度传媒贡献奖等奖项

虽然香港、台湾的室内设计行业比大陆早走了 20 年，但对整个中国来说，室内设计都算是一门年轻的行业。尤其大陆，近十几年来由于国家改革开放、社会经济起飞，人们才有余裕去照顾以前所无法顾及的生活品质，也带动了地产业与室内设计等相关行业的快速成长。

从前因为没有学校正式教育室内设计这门学科，因此现在从事室内设计工作的，各色各样的人都有，而且不少人是半路出家，所以一时也很难有一个比较一致的观念与方向。

过去比较接近室内设计训练的是学建筑、美术、美工、工业设计、广告设计等科系的学生，这些科系在台湾都比室内设计科系成立得早，因此早期很多从事室内设计工作的都是从学习这些科系的人转过来的。目前大陆虽然已有大量的室内设计科系毕业生投入工作，但年纪大多很年轻，经验并不是很丰富。所以，今天不妨先谈谈西方室内设计的一个演进过程。

一、现代西方设计的演进

西方室内设计的历史跟建筑历史可说同其久远。因为它们是一体两面，室内装饰就是外墙装饰的延伸。但到了法国路易十五的时代，开始对宫廷的室内装饰重视起来，影响所及，产生了所谓洛可可风格。洛可可风格就是常以贝壳、树叶等图形和精致的涡形花纹为饰，并在花饰上镀以金边，极尽豪华之能事。而且这种花饰是专为室内装饰而创的，并不装饰在法国建筑物的外墙。这可以说是在室内装潢与建筑之间作出重大区分的滥觞，也培养出了尚·法兰索·布隆戴（Jean-Francois Blondel）这样出色的室内建筑师。

后来在19世纪中叶（1830～1880年）产生了工业革命，机器生产取代手工，为了配合工业制程的需要，工业设计自然就形成了一门新职业；但一直到1918年第一次世界大战结束的这八九十年间，工业设计师、室内设计师与工艺家或艺术家的身份与角色，始终纠缠不清。一方面有人要将设计和艺术或工艺分开；另一方面，也有许多设计师认为自己是艺术家，拒绝工业化的大量生产。

这种矛盾到了第一次世界大战结束的隔年——1919年德国包豪斯学院成立，局势才比较明朗化，这时大家都已看出工业化是一股势不可挡的潮流，同时也奠定了现代建筑设计的一个基础，影响至今。

现在，大家都明白，设计不是纯粹的艺术创作，而设计师也不是艺术家，不过除了功能以外，美感仍然是设计追求的一个重点，因此现在有不少透过工业制程设计出来的东西，跟艺术品也差不多，这是因为艺术与技术在工业化的作业流程中已经进行了新的统一。

设计是从逻辑思考开始的，所以最重要的是"思考"。简单地说，就是先规划一种科学性的大架构，然后再去作个性与艺术性的变化。所谓科学性，是指它的思考方法有迹可寻、有理可找，它的思路是合乎逻辑、合乎科学精神的。所谓个性与艺术性的变化，指的是形式与包装方面的考虑。所以，室内设计其实是一门工学与美学的复合型作业。

二、室内设计的两个重要元素

设计是解决生活问题的一种方法，它的程序首先是发现问题，然后是解决问题，在解决问题的过程中再加入个人的风格、气质和一些艺术。室内设计有两个重要的元素，一个是"空间"，一个是"人"，"空间"是个客观的存在，比较理性、具体、科学，有迹可寻；而"人"是比较难以捉摸的，不同的人对一个客观存在的空间的看法，往往差异很大，可说比较偏于个别性、偏于感性、偏于艺术。

在学校所学的，大多是偏于理性、科学的。艺术性的东西不太好教，也不太好学，似乎多少要依赖一点天分。为了兼顾这两个面，设计必须从理性出发，以感性收尾，所以它是理性与感性的一种结合，它必须兼顾到实用与美感。尤其，空间是为了人们的生活而存在的，重视室内设计其实就是重视生活内涵，生活中的情趣和品味原则上都可以从室内设计中去寻求、去开展。

目前，大陆为客户做家装设计的，大多是按照住宅的面积、功能、设备、材料、预算来作合理的安排，也就是用所能掌握的资源来作合理的计划，这固然符合科学精神，但这样做出来的结果，往往同质性很高，忽略了个性，也就是所谓的精神和感性。其实，每个人都有不同的个性、不同的思想、不同的修养和感觉，因此每一个家居也应该有不同的设计。这就像最新的酒店设计，已经开始走向"五觉设计"，包括视觉、嗅觉、听觉、味觉、触觉，都希望有所差异，这样才能凸显出个别酒店的独特性。

三、现代室内设计业蓬勃发展的原因

基本上，室内设计是建筑设计的延长，是为了弥补建筑的不足，目的在于提供人类更舒适美好的居住环境。目前由于绝大部分的建筑都是受地产商的委托而设计的，并不是为了购房者而设计。因此，除了一般生活的共通性以外，根本无法去考虑购房者的实际生活需求；再加上商业因素的干扰，使地产商盖出来的住宅空间总是留下不少的问题和缺失。因而，只有依赖室内设计师来担负起空间重新规划设计的责任，通过与购房业主深入密切的沟通，解决原先空间的缺失，进而把空间的优点发挥出来。

当然，室内设计师如果能在建筑设计的阶段就参与进来，协助地产商、建筑师规划出理想的房型，避免日后二次施工，敲敲打打，无端又为地球制造出许多建筑废弃物，这是最佳的做法。这样，室内设计师才能扮演一个更积极、更有意义的角色，设计师的价值才更能凸显出来。

四、给有志从事室内设计工作者的几个建议

室内设计就是生活设计；选择一处居所，就是选择一种生活方式。室内设计一定要建立在客户的生活需求之上，最终并能提出一个具有个性特色的美学方案，才是一个好的设计。所以，现在有些设计师一开始就跟业主谈什么风格形式，是本末倒置的，这就像找一件成衣套在某个人的身上，没有去关注客户身上的特质与文化内涵，并不是一种正确的做法。真正的设计，其实是在表现解决生活问题的"智慧"，而知识与经验只是铺垫它的基础。以下是给有志从事室内设计工作的人的几个建议：

1. 要保持对艺术的爱好

很多好的设计都是从艺术中得到启发的。要谈生活设计，就离不开美的欣赏和品味，也就是离不开艺术，所以学设计的人一定要多去接触艺术，包括各种艺术的展览或表演。

所有的艺术精神都是相通的，绘画、雕塑、文学、音乐、舞蹈、摄影、工艺、电影，以及各种平面及立体的设计，虽然它们表达的形式不同，但传达的精神是一样的。建筑师是拿砖块来写诗，诗人则是以文字来抒发情意。从艺术的鉴赏中，你还可以领悟到许多美学的原理和原则，比如：对称、平衡、对比、协调、色彩、比例、尺度……艺术就像是一个宝藏，如果打开它的门，你会发现里面有无穷无尽的宝贝，随便挑出一、两样，就够你玩了。

2. 要培养自己的想象力

想象力是做创意的人不可或缺的一个工具，它可以产生幻想、梦想，甚至激发出热情、理想与愿景。它是一种感性的东西，所有创作的起源都是从想象力开始，能够想象的人等于具备了创作的能力。做设计工作的人，一定要富有感性，心胸开阔，思想开放，凡事都可以包容接纳。观念太保守、态度太严肃或者太理性的人，是不太容易做好设计的。

现代的中国人，也许是受到传统思想观念以及教育环境影响的关系，独立思考的能力比较缺乏，思想观念容易僵化，于是创造力就减低了；特别是传统士大夫"万般皆下品，唯有读书高"，以及"君子动口不动手"，"重理论轻实践"等的观念，对从事设计工作的人来说，确实是一大误区，应该加以改变。

3. 要勇于提出生活的主张

设计师除了要能够对空间做合理的安排、利用，要能修饰不好、不合理的空间，或原建筑上的缺陷之外，还要能够挖掘出业主的需求，协助他们安顿好自己的生活方式。因为生活的方式、生活的情趣，完全取决于业主本人。

但也有很多人不知道自己要的是什么，模模糊糊的，只是跟着别人走，看别人有什么，自己就要什么。碰到这种情况，设计师应该协助他们对自己作一个分析，把个人的兴趣爱好，包括生活习惯、心爱的东西，一一罗列加以安排；进一步也要分析家庭中的其他成员，再对团体的生活方式作一个总的安排。透过设计师与业主的深入沟通，该要及想要的东西自然就会清楚地呈现出来。

理性的要求是不难列出，也不难达成的；但感性的需求，也就是生活品质与精神层面的要求，反而不容易表达。而这一点，应该是一个够格的设计师凭借其专业能力可以为业主实现的。所以，设计师也可以说是一个可以为业主圆梦的人。

4. 要有成长与积累的概念

现代人不太可能一辈子住在同一个房子中，随着人生不同阶段的开展，往往就需要搬家、换房子。因此设计师在为客户每一阶段的房子做设计时，都必须把预算作最经济而有效的运用。因此，不必花太多的预算在购置固定的家具与装修上，因为这些东西在搬家时是带不走的。不妨省下一些钱去买些心爱的家具以及好的艺术品或摆设品，这些东西是活动的，搬家时可以带着走。

同时，这些物品由于是经过自己的品味挑选出来的，呈现的绝对是你自己的风格；而且随着逐渐添入的东西、家居的品位、氛围便会自然而然的成长积累；也正是它们写下你人生历史的一道道痕迹，在上面存留下一份份的情感和记忆。换了房子，这些心爱的家具或艺术品还可以因应不同的空间，再作出新的组合与摆设。这不就是人们生活情趣的一大来源吗？

5. 要重视环境教育的力量

"一方水土养一方人"。一个民族的集体性格，包括文化背景、艺术水平、审美观念都和环境有关。上海人有穿睡衣出行的习惯，有一次我看到一个老外跟着一个中国女性在街上走，两人竟然穿着同样款式和花色的睡衣，好像穿情侣装，让我叹为观止。这真是入境随俗，可见环境对人的影响是多么的大。尤其是居住空间的设计，不管是物质层面的也好，精神层面的也好，日久下来都会显现出"环境塑造人"的影响效果；这也就是我常说的："一个美的地方，就会有美的故事发生。"的主旨所在。所以，设计师一定要为客户设计出良好的家居空间，让人们能够在优雅的环境中，培养出优雅的气质来；同时，在里头还可以体验到一些有意义的生活方式。

6. 要增进生活的体验与沟通的能力

目前，我们社会的大环境，对从事创意设计的人来讲，还不是很有利，因为大多数人都还不太重视创意设计的价值。在欧美日本，设计师的名字就是品牌，是收入很高的一个社会阶层。创意设计不但得到高度的重视，甚至在全球还创造出了3%的时尚名牌却囊括了50%的流行市场营业额的现代神话。当然，这跟欧美日本的社会背景有关，也跟他们设计师的实力有关，特别是跟他们拥有较丰富的生活阅历与较畅达的沟通能力有关。

在我看来，设计从业人员在 30 岁以前，是不该自称为设计师的，尤其不该急着赚钱存钱，应该努力去锻炼积累自己在各方面的能力，多读多看，包括建筑的结构与技术，以及建筑物理与环保材料与设备等知识在内，因为从事室内设计毕竟还是要受到一些建筑条件的制约；此外，还要多旅行，多体验生活，多增广自己的人生阅历，并且加强自己的语言沟通能力。有思想、有论述、有手绘的能力，还要会说故事，才称得上是一位杰出的设计师。否则，你顶多只是一个绘图员，不是一个够格的设计师。

五、结论——设计是越老越值钱的行业

中国有过辉煌的历史、璀璨的文化，但近代以来由于受到时代背景、传统观念、教育制度以及经济停滞的影响，导致一般国民的艺术修养、美学观念和文化水平都下降了。

最近二三十年来，由于经济发展迅速，国民所得提高，才又开始能够照顾到我们的生活素质，但是美学修养、生活品位并不是一蹴而就的，这也就是今天我们还普遍能看到一些奇奇怪怪的设计结果，和许许多多不正确的设计现象的原因。

设计师的价值与他的创意和阅历成正比，创意和阅历越多，作品也越精彩，所以设计是一门越老越值钱的行业。艺术、审美、文化都必须在环境中学习积累，在生活中成长成熟。我希望我们这一代的水平能够快速超过上一代，更希望下一代能够继续的超越我们。

线描课随笔

李泊岩

陈琳（博客：http://893587.china-designer.com）
现任海南大学三亚学院环艺专业主任
讲师、建筑设计师

当代中国绘画是以素描、水粉、速写的学习来打基础的，并以此技能考取艺术院校。艺术类专业学生便只知有洋不知有中，明于知彼而暗于知己。此状况有利有弊，弊大于利。古军事家有言："知己知彼百战不殆。"既然今日艺坛有东有西，故不可求一方而避另一方。然中国之艺术悠悠千载，19世纪后西人争相学之，取之精神过，探其堂奥过，引领西方现代与后现代之艺术思潮，可见，100年来，中国艺术西人重之，国人轻之。

我曾写道："在中国人眼里范宽就应该比达·芬奇伟大，可事实却是中国人要么不知道范宽为何人，要么不敢承认，我们多少国宝还在外国的博物馆里，可外国人每每看到它们都认为这是'少数民族艺术'，他们就认为达·芬奇永远最伟大，中国人为什么不认为范宽永远最伟大？"20年代美术革命者欲"以西代中"，以史为镜，那是荒谬至极，国画求哲求文，艺道同体，岂是西方绘画所能代替。

既然不能代替，在当下的艺术院校中大力开展中国艺术之学习责无旁贷。

中国艺术学什么

康有为认为中西合体为不二出路，徐悲鸿、刘海粟等都留中国绘画之本，添西方绘画之末，前无古人，别开生面，影响深远。末——表也。本——里也。今日美术教育留表弃里，舍本求末，此一大鄙也。

简言之，徐、刘的"国学为体西学为用"实施甚少。从两个方面看：一，国学的体，未能从学艺术之初被重视，俗言："第一口奶没吃好。"二，西学的用，用得机械，学艺术之初只为考学，不求甚解。

给学生喂第二口奶，就会麻烦得多，不仅是大多数学生一无所知，而且充满偏见。中国艺术学什么？

一，去疑。对不了解中国艺术的艺术学生讲艺术，要讲中国艺术中的最正统。如，有的学生以为国画纯是修身养性，老人为适。就要给他讲中国艺术求刚劲大于柔媚，是胸中之气象的一泻千里。讲北宋画家的刚正尊贵厚重，或讲王希孟18岁画出《千里江山图》的故事，以正其偏见。

二，比类。对不了解中国艺术的艺术学生讲艺术，要与西方作对比。如，用马蒂斯或者丢勒的素描对比中国的线描，来讲中国人更重视单根线条的质量。又如，汉代雕刻的画像石可与埃及或希腊雕塑对比，讲都是成教化助人伦的用处。这样有对比地学中国艺术，理解起来会容易些。

第二口奶毕竟不是第一口了。依我看，能建立学生对中国艺术体系存在的认识是最重要的。讲艺术史空洞，却丢弃不得，结合线描或者书法的练习会有很好的效果。

中国画线条之美

中国画突出线条之美，或者说是以线条为主要表现手段的，从一定意义上讲，线条的魅力就是中国画的魅力。

古人有六要、六法等，黄宾虹也有精辟概括：平、留、园、重、变，乃国画之笔墨精要。我将中国画线条归纳出八个要素，曰：浓、淡、干、湿、轻、重、快、慢。此八字简单易懂，一目了然。说是八字实是四对儿，快是相对慢而言，没有绝对的快，也没有绝对的慢；轻是相对重而言的，没有绝对的轻也没有绝对的重；干湿、浓淡亦如此。

这八个要素互相组合，变化更多。

例如：快而浓，快而淡，快而湿。慢而浓，慢而淡，慢而湿。依此类推，以致无限。

三个要素又可组合，如：快重湿的线。

这八个要素合理组合，就会产生千变万化的线，表现任何对象。

中国画线条的魅力，在于它可以表现不同的质感，我们客观世界的万千物象，都可以用线来表现。比如，厚重的线可以表现黄土高原的浑厚苍茫。再如，古人在描绘衣服时总结出十八描，不同面料的质感都可以表达。再比如，柳树，我们用厚重的线来表现树干，用轻快的线来表现迎风飘摆地细嫩柳条。中国画的线条魅力，还在于它是有生命力、有情感的。比如，慢而浓的线产生凝重感，适合表现大山大水。同样凝重的线在不同的人笔下又不一样，在石鲁笔下，给人以悲壮感；在钱松嵒笔下，给人以庄重感。

由于画家的个人感受不同，情感因素的差异，同样的线可以表达不同的情感，这是主观的。同时说明一个人对某一种线的偏好，并将其强调到极致，即产生风格。

所以我认为，中国画的线的最大魅力，就是画家个人情感的折射，个人情感的表达。汉代美学家蔡邕有句名言："书者，散也。欲书先散怀抱，若迫于事，虽中山兔毫不能佳也。"所谓"散怀抱"、"迫于事"就是情感因素的体现，"书者，散也"，"画者"亦当如此。

学设计要不要懂得中国传统文化

不少学生问我："学设计为什么还要学线描？"

我解释道："线描只是一个形式，通过这个形式大家会发现原来我们对本国的艺术了解得这么少。这是比画好线描还重要的。"

　　是的，你可以线描，当然也可以学书法，都可以，目的只有一个——建立对中国艺术体系存在的认识。我相信，这是重要的。我相信，一个出色的法国设计师一定看得懂法国的绘画，一个出色的日本设计师一定能看懂日本的绘画。或者说，他们的作品（他们的成功）是从自己国家（民族）的文化里爬出来的。

　　在中国，艺术学生常年接受不到传统文化的学习，与传统文化之间生出很深的代沟，这直接影响到其艺术水准。设计界更是如此，现代设计本就是西方人的产物，我们学设计就好像学外语，会说外语的人未必了解他国文化，设计水平达到一定高度后，势必要选择文化作为后盾。在中国，设计教学比西方晚得多，也不及日本、韩国。时间上的落后，让我们长时间饥不择食，但吃饱之后，就要想吃得好的事了，这个"吃好"就是我们的传统文化这张牌。

　　学设计到底要不要懂得中国传统文化？回答是肯定的。

　　要学到什么程度？是个新问题。在过去的时间里，设计界也长期提倡"中国味道""中国风"等等，这是好的。中国传统文化与设计的大会师是必然的。还说程度问题，我以为，中国传统文化与设计的大会师要经过三个阶段。

　　一，中国素材。所谓中国素材，就是将中国有的，外国没有的直接用在设计作品中，以求独特。比如，北京亚运会时的"熊猫盼盼"。

　　二，中国元素。所谓元素就不同于素材了，元素是要提炼的，这也是与设计更好地结合的标志。比如，2008年奥运会的会徽"中国印"，只取了印章的形式，但已经不是印章了。

　　三，中国内涵。这个要求比较高，中国传统文化的内涵注入设计作品中还需一段时间磨合。第一和第二阶段，可以靠觉悟，搜集足够多的素材便可以灵机一动。第三个阶段，还是进行时，需要更多的设计师深入学习传统文化才可以达到。只依靠一两个人的力量是不可能的，所谓一代宗师，必要先有一代在，再有大师。这么来看，学院是最好的平台，教育是最好的熔炉。

后现代设计师与画家们

杜尚、蒙特里安、康定斯基、保罗克里。

这四个人排排坐，后现代的画家和设计师都纷纷脱帽、敬礼。

他们不少学生成为老师，成了院长。他们的学生又成了设计师，后现代设计师。

波依斯、安迪沃霍、布莱希特、哈林。

这四个人坐在桌子边上，洋洋得意看他们——看这些后现代设计师。

阿康奇走来："你们太麻烦了，又是绘画，又是电影，又是雕塑，又是装置，我知道你们瞧不起后现代的设计师。看我的。"更洋洋得意。

西方设计从现代绘画而来，形成了后现代设计。

而后现代绘画，却是现代绘画的离经叛道。这便是西方的美术教育。

设计·对话

一张一弛 "张驰" 有度

张驰（博客：http://446582.China-Designer.com）
现任重庆美盛酒店设计顾问有限公司负责人
中国建筑学会重庆室内分会副秘书长
中国装饰协会设计委员会委员
中国百佳优秀室内建筑师
中国工商联合会会员
全国杰出青年设计师

　　作为华南地区优秀的酒店设计师，张驰首次向媒体披露他的设计之道……

商业与设计

　　China-Designer：当我们听到您的名字叫张驰的时候，我们首先会想到"张弛有度"，您很强调要在设计行业要为商业目的服务，那您在设计中又如何去把握商业与设计之间这个度的呢？

　　张驰：在中国目前这样一种大国情下，设计发展的初级阶段首先要满足客户发展初级阶段的需求。在设计初级阶段会出现很多妥协，它不一定非常超越时代，但是它一定要有前瞻性，而且一定要跟现实结合，在这种商业设计的背景下设计就会比较接近现实，在后期我们也会采用一些有前瞻性和远见的设计手法，既要保证它在当下的生存，也要保证它未来的发展，所以说这是一个权衡与妥协的设计。

商业设计跟观念设计、概念设计是有很大区别的，酒店设计投资上亿、上十亿，这样的投资就需要稳妥的设计保障，而不能单纯成为一个概念设计的范本。

首先要对客户非常稳妥的投资负责，投资核心就是要有一个稳妥的回报，所以说设计师在做商业项目的时候，首先要跟客户站在同一个角度考虑资金投入的安全，然后在保障增益和回报的基础上，才能谈得上有前瞻性地去创造，这是前后的关系，不是说有商业就没有好的概念和符合未来的理念，这两者是所有设计师每一分钟都在权衡的问题。

快乐与痛苦

China-Designer：您提到"设计是我存世的快乐源泉"，这个源泉是否给您带来过什么痛苦，您是怎么克服的？

张驰：人的快乐应该有很多。但是设计师的快乐的确来源于创意、创造和自由，每个设计师都会在工作中感受到快乐，但是这种快乐当然是相对而言，上帝开启一扇门就会关闭一个窗，给予设计工作之外的时间就相对来说少了很多，大量的时间都消耗在设计的创意和学习当中，就可能在对家庭、朋友等方面投入减少，我觉得这也算一个歉意和遗憾吧！

China-Designer：设计师群体的生活还是很丰富多彩的，只有有了非常丰富的生活，才会激发出更多设计的灵感。请问您平时有些什么爱好呢？

张驰：我的爱好主要还是阅读，因为做设计的话阅读和旅游就是博闻广记，对世间万物的包容和理解，旅游会使人有很多对万象的感悟和理解，在这个基础上才会有创作的源泉，如果没有很广博的知识和见识的话，很难去创造。但是这种体验本身也是快乐的。

短期与长期

China-Designer：短期利益与长期利益对于刚毕业的学生和

刚起步的公司来说，可能是一个极端的矛盾选择，然后您刚毕业、刚创业的阶段有没有面对这样一个选择阶段，您是如何进行选择的？

　　张驰：设计师刚毕业的时候会面临很多困难，比如说设计费会很低，设计没有人认同，经验和经历都不被人理解，设计思路还被客户篡改，还有很多强势的客户不太尊重设计师的一些初始的想法。钱、资金、生存方面的问题可以逐步地解决。

　　如果你经济很窘迫的话，可能会去做一些跟设计相关的事情，或者去大的企业去打工，不一定开始就自己创业，你会有一个稳定的收益，前期下来你可以自己学习，会厚积薄发，这样子不会面临太大的创业的贫瘠，有经验再创业的话，对经验和资金上都是很好的累积。在能力的尴尬的角度上来说，这个行业只有一个办法，就是积累。商业设计师就像中医一样，没有十几年、二十几年的积累，没有广博的知识很难去征服客户。客户不是想征服就能征服的，只有有全面的知识与能力才能让他信服。

　　设计师不管是钱还是认知度上的尴尬，那都是需要长远规划的，想要一鸣惊人、一蹴而就的成功不太可能。我们公司很多设计师就是这样，他已经有很多年家装的经验，也很想很快成功，但是最后发现没有五年，甚至十年的积累，他很难去真正理解这个商业社会，同时也就更不能征服客户，让客户去支持他。这的确是一个需要很长时间的积累的过程，没有什么捷径可走。

60、70后与80、90后

China–Designer：您现在也是一位老师，您当初做学生的时候，和您现在所面对的这些学生，之间有没有什么样的区别？

　　张驰：还是有很大的区别，最大的区别是当年我读书的时候整个室内设计市场百废待兴，有很多的机遇和一些大型的项目能够让我们这些没有什么经验的学生去挑战和从事，这样锻炼的机会就比较多。很多学生不安于学校的授课，投入到实践当中去，这是一个好处，但同时也会也会造成他们的基本功和学术能力比较欠缺，但是实战能力很强。慢慢的，大多数市场被 70 后或者 60 后占据。

现在 80、90 后的新生代设计师，他们被迫变得从容。因为他们没法击破，市场已经没有这么多简单的机会给他们，他们必须要沉下来深入地、有高度地、有理论研究地去学习。现在这个时代要找快钱已经不容易了，没有这样的机会了，反而就要寻找厚积而薄发的机会。经济社会，消费浪潮给人的刺激很大，但是具体又没有什么机缘和机会，他们其实属于非常彷徨的一个阶段，所以我们经常鼓励他们要参与实习，另一方面也要求他们系统地建立自己的知识理论构架。如果说没有强大的精神或者是理论构架的话，那么他在将来就会非常乏力，或者说在将来根本无法与他的前辈和学长相抗衡。

好学生与坏学生

China-Designer：现在社会上很多的成功人士，当年在学校都可能是个"坏学生"，当然这个坏不是指逃课、打架之类的坏，而是经常在课堂上向老师提出反对意见以及自己想法的那些学生们，我想知道您在学校期间是"好学生"还是"坏学生"呢？

张驰：我应该是一样一半吧，在校期间是学生会主席，这应该算是好的吧？但是另一方面我又不太上课的，因为学校里填鸭式的教学，对创意性学习的成长是有一些伤害，特别是在十多年前我们读书的那个阶段。

中国的设计从业者应具有创意精神，所谓创意精神就是不再循规蹈矩，要有一个自我的由心而发的独立思维的意识。完全听命于某一种权威，可能对他来说创意精神的弘扬或者发散的话会有伤害，另一方面讲他有可能不太会把基础的工作做得踏实，该阅读的大量的学术史论、一些基础课程他没有去学习，那他同样很难有长远的发展。

我认为学生在学校里面，一方面要"学而时习之，不亦乐乎"。学校提供了多元化的环境，这种学术的氛围、学科的交错，不管是设计、艺术还是雕塑，比如绘画、染织、陶艺等多元学科的交流，是学校之外的环境不可能提供的，学生在这个阶段应该要开放、投入地去吸纳；另一方面也要积极地参与到社会的实践中，在学习的时候必须要去感悟社会的真实需求。

包豪斯的学生第一年是不做学术研究的，也不做功课，而是去到工厂实践。用人类的本能去体验一个东西，创意怎么从火花去演变成现实，有了这样一个概念、体会之后，第二年、第三年再去学习学术、理论方面的知识，他就会非常有感悟，会由心而发去接受这样一个流程。

坏学生其实也不是真的坏，他其实是要抱有一种创意的激情和追逐，想要成功、卓越的一种激情的背景下，他的所作所为将有迹可循，并成就他的梦想。

自觉与强迫

China-Designer：听说您的员工是不用打考勤的，全凭自觉，但是效益又特别的好，您能跟我们分享一下秘诀吗？

张驰：我很小就出来求学了，我觉得一个人最重要的是能够激发出一个内心向上的力量。人的内心是最强大、最有力量的。尤其是创意性产业需要一个人有很强大的责任感和内在的驱动力，如果要求去填鸭的话，那他的工作痛苦是难以承受，因为设计过程是非常的辛苦，每天都是在跟时间赛跑，就像比尔·盖茨说的："人生就是一场火，我们要做的就是在火灾中能营救出多点东西出来。"

大家都非常渴望成长为一名优秀的设计师，其实他们给自己的压力已经很大了，如果说还要去要求做什么，我认为这违反了他们的内驱，一个人最重要的是做自己想做的事，你非要要求他去做什么事，这都是非常痛苦的，在痛苦的背景下怎么还能把事做好呢？所以我认为人不能去要求，当员工是兄弟姐妹有缘分在一起，相互帮助相互支持，这样的话共同前进才是最好的动力，当然还要有激情有动力。

企业要有一定的专业高度，一个成功的企业要走向一种状态的话，一定要有一个对自己所从事行业的展望和更高的目标的愿望，让大家共同去追求这样的人生目标，考勤真的是没有必要的，因为每个人都是为自己在创造。

China-Designer： 您要求员工内心要有一种内心向上的要求，那么对于即将毕业走入设计岗位的学生来讲，您有什么建议和要求呢？

张驰： 如果在我们公司，对普通的学生我们有非常清晰的要求，熟读艺术史或者设计史，甚至包括文学、地理、历史，这样他才能有可能由心而发地建设和规划出自己的愿景。现在有很多的学生的确是比较仓促、比较急迫地去学习。这个社会上缺的不是知识，而是缺乏有学习能力的人，所以说我们认为学生最重要的就是要有历史观，有了历史观才能衍生出一切可能性。

我们可以允许一个人没有能力，因为专业能力是可以成长、学习的。但是如果对世界没有基本的认知，他一定不会知道何去何从，一定不会掌握到方向，我们一再强调方向和目标是自己去决定的，不是别人替你决定的。只有自己设立的人生目标，才会有最大的激情去实现。

我没有失败的作品

赖旭东（博客：http：// 876540.China-Designer.com）
现任重庆年代室内设计有限公司董事＆设计总监
高级室内建筑师
中国建筑学会室内设计学会理事
中国建筑学会室内设计学会19专业委员会秘书长
中国建筑装饰协会设计委员会委员
亚太酒店设计协会常务理事

　　重庆的知名室内设计师赖旭东在 China-Designer 主办的第三届全国高校空间设计大赛的系列活动"设计人才可持续发展系列论坛重庆站"嘉宾对话中曾说："我还没有做过失败的作品"。这句话引发了记者以及现场众多学生的关注，曾经以为他是狂放，但是经过短暂的接触采访之后，记者发现他是"自信"，是满满的自信，是一路荆棘累积起来的自信。

　　他说，他就像是一个医生一样，在对别人用药施针之前，会拿自己做实验，当他经历着与"病人"同样得疼痛时，就明白该如何处理病症以及避免疼痛了。

　　China-Designer：在论坛里您提出一个观点，在您从事设计师这个行业以来，没有做过一个失败的作品，那么您判断一个作品的成败是从哪几个方面进行衡量？

　　赖旭东：我的概念其实比较笼统，失败可能是在设计上不是很满意，但是在商业运作上很成功。目前我做的东西基本没有出现过失误。当然我有个一个特例条件，我在读四川美术学院之前，就在兰州的燃气集团做设计，当时哪怕我做失败了，也没人反应，因为都是自己公司的，从那个时候开始我就慢慢磨炼自己，慢慢改。所以到真正对外、对社会做设计的时候，才能产生好的东西，这是一个自己锻炼的过程。就像打针一样，首先要拿自己做实验，当然就不会失败了。

自信第一步：爱好

China-Designer：您在川美上学之前就已经有自己的设计公司，而且很赚钱，我们觉得这已经是非常成功了，但是您却选择了放弃，依然回到学校去上学，是否您所追求的成功和我们所定义的成功不同呢？那么您对成功的定义是什么呢？

赖旭东：我是觉得自己的兴趣、爱好更加重要，本来我们做的就是商用美术，停一年半载，利用这段时间去学习，去看新的东西是很值得的。在学校多参加学习的话会得到更多的提高，看到的市场会更大。而且自己的满足感和成就感也就更大。

自信第二步：学习

China-Designer：您在四川美术学院、清华美术学院、德国包豪斯三个学校都有过学习经历，这三个学校分别给您什么样的感受和影响？

赖旭东：我在四川美术学院学的是基础，能提高设计的基本功；清华美术学院是工作以后才去学习的，对视野的开阔有很多好处；而包豪斯就是很自由的学校，不会规定学生去做什么，老师唯一的要求就是你想做什么就做什么，理论跟实践相结合的。比如我们做酒店，本身就牵扯很多产品的设计、家居设计、灯具设计。在包豪斯，设计做出来之后，可以到工厂加工取得小样，实际与理论相结合得更好。

自信第三步：经历

China-Designer：没有自己的想法的学生在包豪斯这样的氛围里面是不是存在很难上手的问题？

赖旭东：国外的教育背景跟国内是大不相同的。国内的教育就是填鸭式的，不停地灌输，毕业就可以马上做家装，至于好不好那都是无所谓的。国外是不同的，它的教育与实践结合得非常紧密，他们能够独立做东西基本都是在 30 岁之后，所以完全就是两回事。如果是国内单单是做学生的时期过去学习的话，是学不到什么东西的，应该还是要有一定的基本功，加上在社会上锻炼过。要掌握一定的基础，才能够去，因为外国人教东西他是不会干涉你的。

自信第四步：积累

China-Designer：我想再问您一个比较细节的问题，您自己的作品中最满意的是哪一套？是在什么样的需求下设计出来这个作品？

赖旭东：设计是一个时尚产业，是一个不断进步的时尚行业，如果说对原来作品的满意，那么以后做的作品就更加的满意。设计是需要不断提高的，而且室内设计师需要不停的累积，现在做的一定是比之前的要好。从经验上讲是比原来的更好，从设计上讲就是更加放得开，但是综合起来要看你怎么看，是行家看，还是外行看，这个标准是不一样的。当然更多的是要求我们从业主的角度去考虑，毕竟我们需要去迎合市场的发展以及业主的需求。

自信第五步：配合

China-Designer：您是酒店设计的专家，酒店设计相当于把酒店、住宅、餐饮、娱乐、办公结合起来，它有那么繁复的设计过程，您主要是把重点放到哪一块呢？

赖旭东：首先它肯定是属于商业方面的设计，体量大、总体数量大。从造价来说，动辄就是上百万、上亿，酒店涵盖的东西比较多，就好比我们做个标准房，前期像弄住宅的房间差不多，做餐厅也有餐饮，中餐厅、西餐厅都有，把你平时的东西都汇集。一般我都是做大堂、客房、过道等，相当于我把大的框架制作出来，先确定风格。其他的就可以交给下面负责的人接管。我们之间的关系就像踢球一样，"前锋好、中锋好、守门好"三点都抓住，其他都是配套的。

自信第六步：信任

China-Designer：您如何去教导员工在面对材料等的利益诱惑时保持清白呢？

赖旭东：清白是一定要的，这个还要看员工自己是看短线还是长线。首先我们的收入是提成制，并且我们提高员工收入，使员工待遇在行业内都算是高的，其次，这还与员工个人的荣誉感有关。先从我做起，以自己为榜样，行业里的人都知道即便我接再大的项目都不会去收取回扣。慢慢就在公司形成良好的企业文化。

寻求商业与艺术的平衡点

戴元满（博客：http://819830.China-Designer.com）

现任深圳市建筑装饰（集团）有限公司设计研究院副院长

高级室内建筑师

全国有成就的资深室内建筑师

中国建筑装饰协会设计委员会委员

中国建筑学会室内设计分会第三（深圳）专业委员会专家委员

世界华人室内设计学会专家

　　他，是深装集团的副院长；他，曾带领团队"征战"过全国大江南北的众多酒店、办公等大型装饰项目；他，身经百战却低调前行；他，就是戴元满；他，将带领我们走进他对中国办公空间装饰设计的感受与理解中。

　　China-desinger：您认为办公空间的设计必须具备的要素是哪些?

　　戴元满：第一个是要符合业主企业的文化与气质，第二个是体现它的行业特征，第三是要具有一定的国际化。

艺术化的表达　国际化的体现

　　China-designer：您主持设计的大多数项目为中国大型企业的办公或者酒店空间类项目，请问针对中国大型企业的办公空间设

计，您是通过哪些设计要点使其更趋国际化？所谓的国际化如何
在设计中体现表达？

戴元满：第一个问题，我们在设计的过程中一般来说这样做，
就是抽离一些与语言、地域、文化相关的元素，运用到设计当中，
使这些元素的提炼和升华的过程充分结合企业的个性化需求，
比如色彩、造型、灯光以及家具和陈设品的系统化的设计语言，
这样就会使设计达到国际化的面貌，这也是一种趋向于国际化
的要求。

第二个问题就是国际化在设计中如何体现，我认为国际化表
达就是使一些设计元素形成独特的面貌，而这种面貌又是被国际
潮流所认可的一种表达。比如贝聿铭的作品中，对几何形体的创
新使用，我认为它是比较创新的国际化表达。

China-designer：现在很多人说中国缺乏个性化办公，我们看
到众多的个性化办公项目体量都相对较小，也基本上集中在艺术
工作者的办公室，这种现象您如何看待？

戴元满：办公室除了实用之外，最重要看使用的主体，同时
具有展示企业形象与文化的功能。我们所接触大型企业的业主，
更关注的是他的整体效果和行业特征。比如从事电子行业或者金
融行业、房地产行业，都比较注重行业的特征。他不是不想个性化，
他其实也有一些个性化，但更多追求庄重、大方，我们需要兼顾
到不同客户的需求。比如中央电视台的播音员，就是非常的端庄
大方，包括不同层面不同阶层的人，都能接受这种感觉。艺术工
作者不一样，首先是角度不一样，从事的行业也不一样。从事自
己的空间设计，比较容易发挥，彰显自己的个性。

未来中国办公空间设计的发展方向

China-designer：我们现在也开始看到中国一些企业往个性化
办公的路线去发展，比如腾讯和阿里巴巴集团，近两年的金堂奖
获奖项目中，也让我们看到这类个性化办公空间成为亮点，作为
中国大型装饰集团的设计负责人，您有没有考虑过也为一些中国

企业设计富于个性化的办公空间？您觉得未来中国办公空间设计是如何的发展方向？

戴元满：其实我们大多数做的都是一些比较大型的企业办公，在一定程度上，也是在彰显企业个性的一面。但是如果做到更大程度的个性化，其实还需要我们设计者在实际的案例中对业主进行一种引导和沟通，在强调行业特征以外，要更多接纳计师的好的创意，使双方之间达成一种平衡，当然也不能完全以设计师的好恶来定夺一个项目的设计。个性化办公要看不同的业主，我们在大型企业当中，更多的是尊重业主的一些共性要求，同时再适当加入一些个性化的创新和国际化的追求。

中国未来的办公肯定是向两个方向发展，一个是国际化，一个是个性化。这两方面会有所突破、创新。尤其是刚才提到的已经走向国际化舞台的中国的企业，他们的精神力量不光体现在产品上，也体现在他们的办公环境的创新上。当然他们从事的行业可能有一些个性的要求，这跟企业的老板要有一定的关系，企业的文化和老板有一定关系。

设计为 TCL 办公环境创造了全新模式与标准

China-designer：在 TCL 集团总部办公楼的设计案例中，您提到设计为该品牌的办公环境创造了一种全新模式，甚至成为内部的一种全新标准，请详细解释一下怎样的全新模式，以及如何成为标准？办公空间对提升企业形象有多大作用？

戴元满：因为 TCL 这个企业是国际上知名的大企业，但是他们在企业办公环境设计上没有形成比较系统的规范化，本次设计希望能够突破创新并且形成规范化，比如说它办公的流程，各个功能的划分区以及它色调的搭配，那么我们以 TCL "创意感动生活"为设计主题和要求（这是它 LOGO 里的一部分），通过对 LOGO 里黑、白、红三种色彩的提炼，并注重细节和对员工的人文关怀来进行创作，形成一种简洁大气的模式。

我们所有的装饰面、材料都是以成品定制为主、工厂化加工（他们以前都是在现场制作的），这样就避免了在现场制作比较粗糙或者不够美观以及产生污染的情况，整体比较现代、大气，基本上满足了业主的要求。对办公家具的选择以及它的导示系统我们也作了些规范，效果还不错。

办公空间环境能非常直接提升企业形象，它体现了公司的文化与管理，尤其是在展示企业的实力、提升它的美誉度上有非常好的帮助。比如说大型的国企或是上市公司，如果没有一个很好的、和它相衬的办公形象，那显然是说明装饰这块比较滞后，所以在这方面我们做了些工作，也得到业主的认可，他们比较接受我们这种全新的模式。

项目设计中的经验总结

China-designer：在 TCL 整个项目设计的过程中，您个人最满意的地方是哪里？最不满意的地方是哪里？为什么？

戴元满：我比较满意的是 TCL 项目的过程当中，我们为他们所创作的模式——所谓比较新的模式，得到了业主的肯定。他们认为我们的这种模式为他们将来的办公室标准系统化奠定了基础，他们也已经开始尝试，并在这基础上进行了完善。比较遗憾的是，办公活动家具和一些配饰的选择，没有达到预期的效果。另外灯光产品的选择也不尽如人意。他们有自己的灯光产品，不能说其产品不好，他们的产品也很好，但如果能在不同的区域搭配不同的灯光，效果更加突出。设计师需要在商业和艺术中寻求平衡。

我 与 我 的 展 示 设 计

郭海兵（博客：http://795810.China-Designer.com）
现任上海亿品展示设计工程有限公司设计总监

众所周知，在室内设计的各种物业类型中，展陈类设计是比较难的，它小到企业展厅设计，大到城市的博物馆或展馆设计。而我们的被访者郭海兵，以其大气魄独立创业，开设了专业展陈类的设计公司，最让我们惊讶的是，他是 80 后，让我们一起走进他和他的展示设计……

关于我的展示设计公司

China-designer：面对林林总总的室内设计项目，展陈类设计相对其他类型的室内设计，难度较大，且项目整体数量少，而您在如此年轻的年纪就开设了自己的展示设计公司，请问您是如何想的？您如何仅仅通过这一窄众设计运营您的公司？

郭海兵：首先它是一个非常好的细分行业，中国展陈设计行业处于一个发展比较好的时期，有很好的前景。我们将项目的整个流程分为前期、中期和后期。前期我们会了解客户的需求，包括项目的整体情况，然后做出前期策划，针对客户的要求我们有一个可行性方案提供给甲方；在中期我们会做比较深入的确定方案，我们有一个在行业里独一无二的设计理念，会把甲方的一些特色，结合他的企业文化或城市特色，做出独一无二的展示馆；后期我们会在实际的项目执行和施工当中加入一些工艺。这些加之前期和中期的一些服务，就是我们一直强调的创新和专注这两个关键。

建筑、照明及室内设计相辅相成

China-designer：展陈空间的室内设计与其建筑本身的设计以及室内照明的关系紧密相连、互相制约，您如何使展陈部分的设计与建筑一致，并如何运用照明设计来使展陈效果达到最大化的？

郭海兵：我们有一个设计理念：建筑＋展示＋室内，它其实是一个不可分割的整体，你单独拿出某一块来讲都是有问题的，因为建筑是服务于它的功能的。我们现在越来越多的项目是从建筑设计阶段就开始介入。建筑和展示的室内，在风格上有统一也有不同，同时我们会兼顾装饰包括一些陈列方面的风格，这也是我们公司比较大的特色，再加上灯光，这部分是整个空间很重要的载体语言，针对不同的展区、不同的展馆，需要的灯光氛围是不同的，博物馆的灯光比较暗一些，氛围比较安静一些，但是观光馆的灯光相对来说比较丰富一些，有一些艺术灯光的使用，我们有专业团队来从事这部分设计工作，所以根据每个项目都会有所不同，但是都强调用灯光的烘托来达到展示的效果。

China-designer：您在展陈类空间设计中做得比较开阔，小到企业展厅，大到一个城市的博物馆，其需求会非常不同，您如何把握？

郭海兵：这个正是我们觉得做这个的价值所在，每一个项目都有它的特色，我们本身也有这么强大的一个团队，像博物馆，它的中心是人、物、史，它的文物及文化积淀比较深厚，所以我们在城市文化、城市历史包括文物这块对它的理解和挖掘比较深一点，我们通过比较充分的手段和比较常规的方式展示博物馆，更多的是把城市的特色和发展方向做一个全面的展示，其形式更加丰富了。

而企业展示类的项目，比如科技馆，它的专业性更强，科普性的内容涉及比较广泛，总之，每个馆都有它的特点。

关于我的获奖企业展厅项目

China-desinger：请具体举例说一说您对不同项目的设计的把握。就像我们知道您的《智奇会展中心展厅》项目刚刚获得了2011年china-desinger金堂奖公共空间的优秀奖，为我们讲讲设计的心路历程吧。

郭海兵：这是个企业展厅项目，企业肯定有它的历史、它的技术、它的产品，甚至包括它的一些战略。因此我们在做项目前期的时候，进驻工厂与员工一同体验企业设备、产品、管理、制度及文化，我认为必须通过实地体验和考察才能真正了解企业的内涵，才能知道如何在后期设计中将企业文化及理念更好地展示出来。

关于对成功项目的理解

China-designer：我们都知道，很多商业类空间在设计时，都强调设计创造价值，最后如何衡量一个案例是否成功，主要是看店面的后期运营是否火爆，是否广受好评。而展陈类空间却很难去评估，那么您如何定义您设计的项目的成功？如何才能算作成功？

郭海兵：我们理解项目的成功用一句很简单的话，第一点是满足客户的需求并超越客户预期，这是我们的一个理解。因为做展示类的项目，首先就是要满足客户要展示什么东西、什么内容，这就是他们的需求，但是用什么来展示，这是我们的专业，所以我们在满足展示需要的同时要超越他们的预期。

客户可以分为我们的业主和我们的观众。我们要超越观众的预期，就是让观众想不到竟然有这么丰富的手段来达到这么好的一个展示效果。对于我们的客户来说也是这样，他有一个心理预期，但如果我们的展示效果超越了他的预期，就比较成功，因为它不能用参观的人数、展览的规模这种硬性条件去衡量。这是我们对于项目成功的理解。